_____ 드림

| 초판 1쇄 인쇄 | 2015년 2월 5일 |
| 초판 1쇄 발행 | 2015년 2월 12일 |

지은이 정완상
글 안치현
그림 VOID

발행인 장상진
발행처 경향미디어
등록번호 제313-2002-477호
등록일자 2002년 1월 31일

주소 서울시 영등포구 양평동 2가 37-1번지 동아프라임밸리 507-508호
전화 1644-5613 | **팩스** 02) 304-5613

ⓒ 정완상
ISBN 978-89-6518-128-6 63410
　　　 978-89-6518-126-2 (set)

· 값은 표지에 있습니다.
· 파본은 구입하신 서점에서 바꿔드립니다.

경향에듀는 경향미디어의 자녀교육 전문 브랜드입니다.

6학년 1학기 초등 수학 개정 교과서 전격 반영

몬스터 마법수학

화성 탈출 下

원주율과 원의 넓이 | 비율과 그래프 |
비례식 | 연비와 비례 배분

저자 정완상 글 안치현 그림 VOID

경향에듀

머리말

〈몬스터 마법 수학〉으로 초등 수학 완전 정복!

흔히들 기본에 충실하면 된다고들 말하지요. 계산에만 열을 올리고 있다가 처음 문장제(문장으로 기술된 수학 문제)를 접하게 되면 초등학생들은 어떻게 식을 세워야 할지 몰라 난감한 표정을 짓습니다. 그래서 이번 시리즈를 준비해 보았습니다. 초등 수학의 대표적인 문제 유형을 동화로 풀어 쓰자는 것이 이번 기획이었지요. 스토리 작가와 수학 콘텐츠 작가와 삽화 작가 세 사람이 재미있는 책을 만들기 위해 서로의 장점을 모았습니다.

최근 스마트폰의 열풍으로 아이들이 스마트폰의 게임이나 채팅에 너무 많은 시간을 빼앗겨 수학 공부에 재미를 붙이기가 쉽지 않습니다. 교과서가 과거보다는 많이 나아졌지만 아이들의 흥미를 유발하기에는 아직 부족한 점이 많다는 생각에 이 책을 기획하였습니다. 이 책은 아이들이 마치 게임을 하듯이 술술 읽어 내려가면서 저절로 수학의 개념을 깨우치도록 하는 데 목적을 두었습니다.

6학년 1학기 과정은 5학년 수학의 연장입니다. 6학년 1학기 과정은 분수의 나눗셈, 소수의 나눗셈, 각기둥과 각뿔, 여러 가지 입체 도형, 원주율과 원의 넓이, 비율과 그래프, 연비와 비례 배분 등입니다.

이 책을 통해 아이들이 동화의 세계와 수학 공부가 따로 존재하는 것이 아니라 공존할 수 있다는 것을 알게 되었으면 합니다. 또한 스토리텔링을 이용한 수학 공부를 통해 아이들이 수학에 점점 흥미를 가지게 되어 오일러나 가우스와 같은 훌륭한 수학자가 탄생하기를 기원해 봅니다. 끝으로 이 책이 나올 수 있도록 함께 고민한 경향미디어의 사장님과 경향미디어 편집부에 감사의 말을 전합니다.

국립 경상대학교 물리학과 교수 정완상

목차

상권

화성을 향해

1장 | 힘을 잃은 대천사들
2장 | 강력한 화성 몬스터
와구와구 수학 랜드 1
수학 추리 극장 1

여왕 벌레와 골렘 소환

3장 | 외계 몬스터 부화장!
4장 | 뜻밖의 지원군
와구와구 수학 랜드 2
수학 추리 극장 2

하권

기괴한 함정

1장 | 공포의 모래 지옥 … 16
2장 | 모래폭풍을 멈춰라! … 34
　　와구와구 수학 랜드 1 … 50
　　수학 추리 극장 1 … 60

우주선으로 잠입하다!

3장 | 최첨단 보안장치 … 68
4장 | 되찾은 마법의 힘 … 84
　　와구와구 수학 랜드 2 … 106
　　수학 추리 극장 2 … 112

등장인물

반올림

초등학교 6학년으로 평소에는 덤벙거리지만 한번 문제에 맞닥뜨리면 엄청난 집중력과 응용력을 발휘한다. 임기응변과 순발력이 좋다. 아름이, 일원이와는 유치원 삼총사다. 어렸을 적부터 천부적인 수학적 재능을 가지고 있었으며 장래희망은 세계적인 수학자이다.
담임 선생님으로부터 방학이 끝나면 국제 수학 올림피아드 대회에 참가할 팀을 선발한다는 소식을 접한다. 단, 세 명 이상으로 구성된 팀이어야 한다는 조건이 있다. 삼총사 중 한 명인 아름이의 삼촌이자 수학 대가인 피타고레 박사님을 찾아가 함께 지내며 방학 동안 수학을 완벽히 마스터하기로 결심한다.

아름

반올림과 같은 반의 반장으로 반올림의 단짝이다. 새침하고 도도하며 공주병 증상이 있다. 속으로 반올림을 좋아하고 있지만 겉으로는 관심 없는 척한다. 수학을 제외한 모든 과목에서는 전교 1등을 놓친 적이 없다. 국제 초등학생 미술 대회와 피아노 콩쿠르에 나가서 우승을 차지할 정도로 예능에도 대단한 실력을 가지고 있다. 자신의 콤플렉스인 수학 성적을 올리기 위해 반올림과 한 팀이 되어 수학 올림피아드 대회에 참가하기로 마음먹는다.

일원

반올림과 같은 반이며 단짝이다. 뚱뚱하고 덩치가 크다. 먹는 것이라면 자다가도 벌떡 일어나고 배가 고프면 항상 반올림을 귀찮게 조른다. 집중력이 부족하고 공부 자체에 대한 열의가 없지만 방학이 시작되자마자 반올림, 아름이와 함께 놀기 위해서 억지로 섬에 따라가게 되었다.

야우진

부유한 모기업 회장님의 아들로 자칭 타칭 얼리어답터이다. 최신형 스마트폰과 최신형 스마트패드를 지니고 최신형 롤러 신발을 신고 있다. 과학에서만큼은 누구에게도 지지 않는다. 다만 수학은 반올림에게 뒤진다는 생각에 반올림에게 라이벌 의식을 가지고 있다. 아름이를 좋아하여 늘 반올림보다 멋져 보이려고 노력한다. 유난히 깔끔한 척을 하며 벌레와 파충류를 무서워하는 약점이 있다.

피타고레 박사

수학계의 거장이다. 덩치도 거대하고 자칭 고대 천재 수학자 피타고라스의 후예라고 지칭한다. 그래서 자신의 별명 또한 피타고레로 지었다. 초등 학생들의 수학 기초력 향상을 위해서 무인도에 연구소를 차려 놓고 운영 중이다. 순수하면서도 괴짜인 수학 박사로, 자신의 수학적 지식을 친구로부터 선물 받은 알셈이라는 로봇의 전자두뇌에 입력했다.

알셈

피타고레 삼촌이 친구에게서 선물로 받은 로봇으로, 피타고레의 조수 역할을 한다. 박사와 함께 수학을 연구하는 땅딸보 로봇(키 60cm) 알셈은 인간에게 무척 얄밉고 거만하게 구는 면이 있다. 하지만 위기가 닥치면 로봇다운 힘을 발휘하기도 한다.

유령선 미카엘

원래는 수학을 지키는 천사 미카엘이었으나 죄를 짓고 벌을 받아 유령선이 되어 지구에 떨어졌다. 벌을 면제받으려면 세 명 이상의 인간에게 완벽하게 수학을 알려 주어야 한다. 반올림 일행에게 마법의 아이템을 주고 퀘스트를 통해 그 아이템들을 강화시켜 주면서 일행을 돕는다.

루시퍼

한때 신으로부터 총애받는 천사였으나 신을 배신하고 반란을 일으켰다가 처참하게 패배하여 지구로 떨어졌다. 자신을 최고의 천사에서 악마로 만든 신을 항상 원망하며 유령선 미카엘이 다시 숫자 세계의 천사로 돌아가려는 것을 악착같이 방해한다.

숫자벨 여사

몬스터 유령선 안에 있는 마법 학교의 원장이다. 그녀는 유령선의 보조 역할을 하고 있으며 유령선이 태우고 있는 몬스터들과 유령선에 타는 인간들에게 수를 알려 주는 것이 주된 임무이다.

해골 대왕

숫자벨 여사가 데리고 있는 몬스터들의 대장이다. 숫자벨 여사가 수학에 최고의 열정을 보인 몬스터들 중에서 특별히 조수로 뽑았다.

라파엘

일상에서는 새끼 드래곤의 모습(아름이가 붙여준 별명은 용용이)으로 생활하지만 본체는 화이트 드래곤이다. 미카엘과 마찬가지로 수학 대천사이며 위기에 빠진 반올림 일행을 몇 번이나 도와주었다. 말수가 적고 감정 표현이 서툰 미카엘과 달리 라파엘은 우호적이며 헌신적이다.

수학왕 반올림과 함께 배워요!

· 원주율과 원의 넓이
· 비율과 그래프

정완상 선생님의 수학 교실

"이봐, 좀 더 빨리 못 가는 거야? 너무 느리잖아."

"골렘. 지금이. 최고. 속도. 더는. 빨리. 못 간다."

골렘의 느린 걸음 속도가 답답한 나는 참다못해 결국 핀잔을 주었다.

'이게 최고 속도라니…….'

나는 속이 터져서 가슴을 팡팡 쳤다.

"그냥 걷는 게 낫겠네."

미카엘의 충고를 따라 마법진에서 골렘을 여러 마리 소환하여 일부는 미카엘 쪽으로 지원을 보냈고, 일부는 우리 쪽 호위로 삼았다. 우리는 그중 가장 거대한 녀석의 머리와 어깨에 나눠 올라탄 채 루시퍼가 있을 것이라 짐작되는 곳으로 이동하는 중이다. 아름이는 골렘의 정수리에, 일원이와 야무진은 양 어깨에 나눠 앉았다. 나는 고소공포증 때문에 그냥 옆에서 걸었다.

그때 무전기에서 야무진의 드르렁 코 고는 소리가 흘러나왔다.

"야! 야무진! 넌 지금 잠이 오냐!"

"흐읍? 미, 미안. 어디쯤 왔어?"

골렘이 무슨 자동차도 아니고 침까지 질질 흘리며 자고 있다니……. 나는 미카엘에게 무전을 보내 방향을 다시 확인했다.

"미카엘, 알려 준 방향대로 왔어요. 얼마나 더 가야 하죠?"

"음? 이상하군. 아직 한참을 더 가야 하는데……. 너희 근처에서 아주 강력한 어둠의 힘이 느껴진다. 혹시 뭐가 보이나?"

"옛? 아무것도 없는데……."

'아주 강력한 어둠의 힘'이라는 말에 우리는 깜짝 놀라 주위를 두리번거렸다. 그런데 주위엔 어떤 몬스터도 보이지 않았다.

"혹시 또 여왕 벌레 같은 게 바닥에 숨어 있다든가……."

"이, 일원아. 그런 끔찍한 소리는 하지 말아 줘."

일원이의 혼잣말에 야무진이 미간을 잔뜩 찌푸리며 질색했다.

"얘들아! 저기 좀 봐. 바닥에 원이 그려져 있어."

"엇? 정말이잖아?"

"대체 이게 뭐지?"

우리는 모두 원을 보며 고개를 갸우뚱했다. 조금 전 보았던 골렘의 마법진처럼 누가 땅에 돌로 그려 놓은 것 같았다. 다만 이번엔 그냥 원만 무수히 있을 뿐 다른 어떤 글자나 입체 도형 같은 건 보이지 않았다.

"설마 저 밑에 벌레 같은 게 있는 거 아냐?"

"뭐? 벌레?"

"으, 제발 벌레 얘기는 그만하면 안 될까?"

"아니면 아까 같은 마법진일지도 모르지. 우선 가까이 가 보자."

그런데 갑자기 아름이가 우릴 멈춰 세웠다.

"잠깐만! 왠지 불길해. 우리가 타고 있는 이 골렘 말고 조그만 녀석을 먼저 보내 보자."

"아! 좋은 생각이야. 이봐, 골렘!"

나는 우리가 타고 있는 가장 거대한 골렘에게 잠시 멈추라고 한 다음, 주위에 있던 조그만 녀석 한둘을 손가락으로 가리키며 말했다.

"이봐, 거기 너! 그리고 너! 저 원 안으로 들어가 봐!"

"골렘. 명령. 따른다."

조그만 골렘 두 마리가 뚜벅뚜벅 원으로 걸어갔다. 그런데 이럴 수가! 골렘들이 원 안으로 첫발을 내딛자마자 원 안의 모래로 된 바닥이 점점 아래로 꺼지는 게 아닌가?

콰드드드득!

"으악! 뭐, 뭐야!"

"모, 모두 물러서! 골렘! 후퇴! 후퇴!"

혼비백산이 된 우리는 재빨리 명령을 내리며 안전거리로 물러났다. 신기하게도 딱 원의 금이 그어져 있는 곳까지만 바닥이 꺼졌다.

그 속도는 빠르지 않았지만 그 깊이는 끝이 없어 보였다.

"후유! 미카엘이 말한 '강력한 어둠의 힘'이 이거였구나."

"그래도 다행이야. 원 안에만 들어가지 않으면 괜찮은 것 같아."

아름이가 골렘 위에서 수상한 원을 바라보며 말했다. 일원이와 야무진은 살금살금 원의 테두리까지만 다가가 골렘들이 사라진 원 안쪽을 내려다봤다.

"세상에. 이 깊이 좀 봐. 수백 미터는 되겠어. 한 번 빠지면 절대로 못 빠져나올 거야."

"으으, 정말 함정도 우주급 크기네. 이건 꼭 개미귀신이라는 곤충이 개미를 잡기 위해 놓은 덫과 비슷해. 모래 지옥이랄까?"

모래 지옥이라…… 그러고 보니 딱 그 느낌이었다. 아무튼 함정 확인용으로 보낸 조그만 골렘에게는 조금 미안하지만 아름이의 조심성 덕분에 위기를 모면했다.

"아름이 네 말대로 골렘을 먼저 보내길 잘했어. 혹시 모르니 골렘들을 앞장세워서 원이 없는 부분으로만 가자."

"그래. 올림이 너도 위험할 수 있으니 골렘 위로 올라와. 일원이랑 야무진도. 어서!"

"윽! 아, 알았어."

나는 고소공포증을 꾹 참고 골렘 위로 올라갔다. 그렇게 작은 녀석 몇 마리를 선두로 원이 그려져 있지 않은 부분만 골라 밟으며 요리조리 나아갔다. 그런데 얼마 못 가 또 다른 문제가 생겼다.

"앗! 이봐, 골렘들! 모두 정지! 정지!"

아름이가 다급하게 골렘들을 멈춰 세웠다.

"온통 모래 지옥이야. 이제 빈 공간이 하나도 없어."

그 전까지는 원이 듬성듬성 있어서 안 밟고 요리조리 지나갈 수 있었는데, 이후로는 원이 안 그려진 곳이 없어서 앞으로 나아가려면 원을 밟을 수밖에 없었다.

"잠깐만, 미카엘에게 연락해 보자."

아름이는 무전기를 조작해 미카엘과 통신한 뒤 지금의 상황을 설명했다. 하지만 돌아온 미카엘의 대답에 우리는 당황하고 말았다. 루시퍼의 힘이 느껴지는 곳은 오직 이 길로 직진해야만 나온다는 것이다. 내가 다시 물었다.

"다른 방향으로 돌아갈 수는 없나요?"

"유감이군. 멀리 빙 돌아갈 수야 있는데, 수백 킬로미터도 더 된다. 지구로 따지면 서울에서 부산까지 가고도 남을 만한 거리야. 돌아간다는 건 사실상 불가능해."

그 말에 우리는 모두 힘이 빠졌다. 일원이가 멍한 얼굴을 한 채 힘없는 목소리로 말했다.

"수백 킬로미터라니……. 올림아, 난 화성에서 국토 횡단을 하고 싶지는 않아."

"걱정 마. 내게 방법이 있어."

"뭐? 그게 뭔데?"

웬일로 야무진이 방법이 있다며 자신만만하게 말했다.

"문제를 풀면 돼. 실은 처음 저 원이 나타났을 때 혹시나 해서 스마트폰으로 원을 비춰 보니 문제가 보이더라고."

"뭐, 뭐야? 야! 왜 그걸 지금 말해!"

"아, 아니, 그야…… 그냥 원이 없는 공간으로 계속 갈 줄 알았지……."

그리고 보니 왜 좀 더 일찍 그 생각을 못했을까? 화성에 있는 루시퍼의 함정 대부분은 수학의 마법으로 만들어 낸 것들이었다. 앞으로 수상해 보이는 것들은 무조건 스마트폰으로 비춰 봐야겠다.

"사방에 크고 작은 원투성이야. 이대로 루시퍼가 있는 곳까지 가려면 시간이 많이 걸릴 테니 최대한 큰 원에 나타나는 문제들을 풀면서 나가자."

야무진과 함께 땅에 내려온 나는 스마트폰으로 가장 큰 원을 비춰 보았다. 역시 문제가 나타났다. 그것도 원에 대한 문제!

"원주와 원주율에 대한 문제군. 어렵진 않겠어."

내 혼잣말에 야무진이 엉뚱한 질문을 했다.

"원주? 들어 본 것 같은데 누구였더라? 우리 반인가? 아! 혹시 옆 반에 새로 전학 온······."

"야무진! 넌 대체 수학 시간에 뭘 한 거야? 원주는 원의 둘레의 길이! 원주율은 원주와 원의 지름의 비를 말하는 거잖아!"

너무 어이가 없어서 야무진의 말을 끊고 소리를 버럭 질렀다.

"앗, 그, 그래 맞아! 나도 알아! 그, 그냥 웃자고 해본 농담이라고!"

야무진이 벌겋게 달아진 얼굴을 하고 외쳤다.

"거짓말인 거 너무 티나, 야무진."

"으이그, 좀 비켜 봐. 문제가 뭐야?"

땅에 내려온 일원이와 아름이가 다 안다는 듯 야무진의 어깨를 툭툭 치며 말했다.

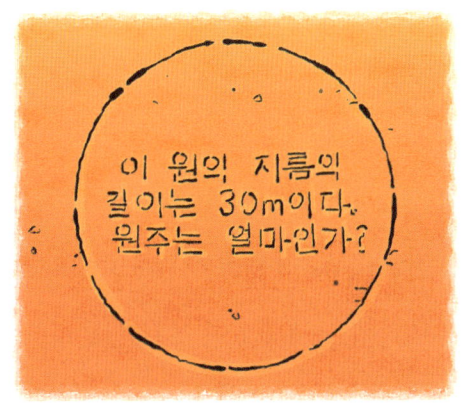

"앗. 원주를 구하는 문제구나."

"그래. 아름이 너도 1학기 때 배운 것 기억나지? 원주를 구하는 공식 말이야."

"응. 원주 = (지름) × (원주율)이고 원주율은 반올림해서 3.14였어. 그러니까 원주 = (지름) × 3.14라는 말씀!"

"맞았어. 이 원의 지름이 30미터니까 원주는 = 30 × 3.14 = 94.2(m)가 돼. 정답은 94.2미터!"

내가 정답을 외치자 땅에 그려져 있던 원의 둘레 모래가 스르륵 바람에 날리듯 사라졌다. 우리는 원이 사라진 곳으로 조심스럽게 골렘 한 녀석을 보내 봤다.

"골렘. 이상. 없다."

"됐다! 모두들 건너자고."

우리는 다시 골렘에 탑승해 원이 있던 자리를 건넜다. 조금 전 무시무시한 모래 지옥의 위력을 눈앞에서 목격해서인지 원이 사라졌다 해도 조금 불안했다. 원의 지름만큼 앞으로 나가자 또 다른 원들이 빽빽하게 나타나 길을 가로막았다. 나는 스마트폰을 비추는 야무진 옆에 바싹 붙어 문제를 들여다봤다.

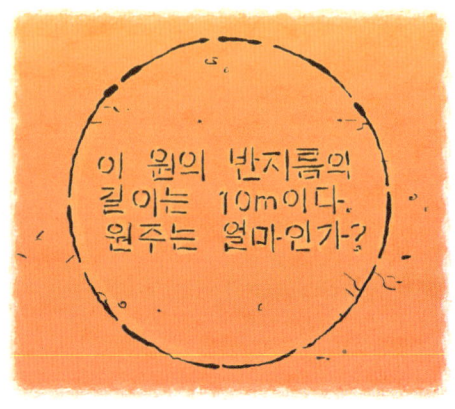

"음. 이번 것도 어렵지 않네. 이건……."

그러자 내 말을 끊고 야무진이 크게 외쳤다.

"잘난 척하지 마, 반올림! 이 정도는 나도 할 수 있다고. 원의 반지름이 10미터니까 이것도 마찬가지로 원주율을 곱하면 되잖아! 10 × 3.14 = 31.4니까 정답은 31.4미터!"

"뭣? 안 돼!"

콰드드드드!

야무진은 내가 말릴 새도 없이 틀린 답을 외쳤다. 아까 내가 버럭 소리를 질러서 내내 삐져 있더니 내게 본때를 보여 주고 싶었나 보다. 그래도 오답을 저렇게 당당하게 외치냐!

"으악! 뭐, 뭐야! 왜 이래?"

"으아아악!"

조금 전 사라졌던 원이 다시 우리 발밑에 나타나더니 바닥이 꺼지기 시작했다. 아름이와 일원이가 탄 거대 골렘의 발이 서서히 모래 속으로 빨려 들어갔다.

"야! 이 바보야! 너 때문에 정말 못살아! 으아아!"

바닥에 있던 나와 야무진은 서로를 붙잡고 휘청거리며 골렘의 어깨를 지나 정수리까지 허겁지겁 기어올랐다. 야무진은 무안했는지 오히려 신경질을 내며 내게 따졌다.

"왜 이러는 거야? 정답 맞잖아!"

"말이나 못하면! 맞긴 뭐가 맞아! 그 문제는 반지름이었잖아! 그럴 땐 (반지름)×2×3.14를 해야 된다고!"

"아차! 그, 그럼 10×2×3.14 = 62.8미터!"

야무진이 다시 제대로 된 정답을 외쳤지만 한 번 꺼지기 시작한 바닥은 멈추지 않았다.

"이미 틀렸어! 바닥이 꺼진다!"

"이봐, 골렘! 최대한 버텨!"

"모두 꽉 잡아!"

야무진과 일원이는 빽빽 비명을 질렀고 아름이는 얼굴이 하얗게 질린 채 굳었다. 아름이가 금방이라도 울 것 같은 얼굴로 내 팔을 잡고 물었다.

"이제 어쩌면 좋아, 올림아?"

"나, 나도 잘 모르겠······."

아름이에게 난감해하며 대답하는 그 순간 내 시야에 작은 원 하나가 들어왔다. 우리 바로 왼쪽에 또 다른 작은 원이 있었다. 저 원······!

'그래, 저 원의 문제를 풀어서 원이 사라지면 그 자리로 점프하는 거야.'

나는 다급하게 야무진을 불렀다.

"야무진! 여기! 우리 바로 왼쪽에 있는 원을 스마트폰으로 비춘 다음 문제를 말해 줘! 어서!"

바로 이어 아름이가 말했다.

"절대 네가 풀지 말고 문제만 불러야 해!"

"아, 알았어!"

골렘은 벌써 허리까지 모래 지옥에 잠겼다.

"무, 문제야! 이 원의 반지름은 3m이다. 이 원의 넓이는 얼마인가?"

원의 넓이를 구하는 문제였다. 일원이는 울상이 되어 소리쳤다.

"그게 뭐야! 반지름만 알고 어떻게 원의 넓이를 구해?"

"아냐! 할 수 있어! 원의 넓이는 (반지름) × (반지름) × 3.14야. 그러니까 3 × 3 × 3.14는……."

콰드드드득!

"으악!"

"꺄악! 올림아, 내 손 잡아!"

나는 아름이가 내민 손을 얼른 잡아 간신히 떨어지지 않았다. 거대 골렘은 휘청거리며 앞뒤로 마구 요동쳤다. 이제 골렘의 어깨까지 모래 지옥에 잠겼다. 가뜩이나 정신 사나운데 야무진이 나를 마구 흔들며 보챘다.

"으악! 반올림! 빨리! 빨리!"

"아, 집중 안 돼. 흔들지 좀 마! 자, 잠깐만 암산할 시간을 좀 줘! 그러니까 3×3×3.14는……."

"서둘러, 올림아!"

이제 골렘의 머리까지 잠겼다. 우리 발밑까지 모래 지옥이 다가왔다.

"정답은 28.26m^2!"

오잉? 내가 암산을 마치기도 전에 야무진이 정답을 외쳤다. 그리고 놀랍게도 왼쪽에 있던 작은 원이 사라졌다.

"뭐, 뭐야? 야무진, 어떻게……?"

"아무튼 뛰어! 빨리!"

"점프! 점프!"

"으아아아아!"

"헉헉……."

"주, 죽을 뻔했어……."

우리는 안전한 땅 위에 주저앉아 잠시 숨을 골랐다. 정말 몇 초만 늦었어도 그 끝을 짐작할 수 없는 화성의 땅속으로 사라질 뻔했다. 몸을 추스르고 자리에서 일어나 주위를 둘러보았다. 우리가 소환한 골렘들은 몽땅 모래 지옥으로 빨려 들어갔는지 보이지 않았다. 그나저나 나는 너무 궁금했다.

"그런데 야무진, 어떻게 나보다 빨리 암산한 거야?"

"으응? 그, 그야 뭐! 평소에 갈고 닦은 암산 실력이 나온 거지! 원래 위급한 순간에는 초인적인 힘이 나온다잖아? 아, 아하하하!"

저 어색한 웃음을 보니 뭔가 수상한데? 하지만 10초도 안 돼서 야무진의 초인적인 힘이란 것이 들통 났다. 아름이가 야무진의 스마트폰을 뺏어 들며 말했다.

"내 이럴 줄 알았지. 스마트폰에 있는 계산기를 이용했네."

야무진의 얼굴은 홍당무가 됐다.

"그, 그게……."

"으이그. 아무튼 스마트폰 다루는 초인적인 속도 덕분에 살았네. 잘했어, 야무진."

"그, 그렇지? 으하하하! 내가 너희를 살렸다고! 생명의 은인이야! 너흰 나에게 진짜 고마워해야 해!"

언제 풀이 죽었냐는 듯 다시 깔깔대는 야무진에게 아름이가 따끔하게 한 마디 했다.

"응. 정말 고마워, 야무진. 하지만 앞으론 오답을 너무 당당하게 외치진 말아 줘."

"제.발.부.탁.이.야."

일원까지 잔뜩 인상을 쓰며 한 음절 한 음절 힘주어 말하자 야무진은 다시 조용해졌다. 정말 예뻐해 줄래야 예뻐해 줄 수가 없는 녀석이라니까. 이후 우리는 원에 나타난 문제들을 풀며 조금씩 전진했다. 끝도 없을 것 같던 모래 지옥의 마지막 원이 나타났고 무사히 문제를 풀자 드디어 마지막 원까지 사라졌다. 나는 털썩 자리에 주저앉았다.

"후유! 드디어 평범한 길이 나왔어."

"고생 많았어, 올림아. 조금만 쉬었다 가자."

아름이가 내 등을 두드리며 말했다. 그 모습을 본 야무진이 잔뜩 샘이 났는지 툴툴거렸다. 그때 무전기에서 알셈의 목소리가 흘러나왔다.

"어이, 꼴뚜기! 너희 도착한 거냐?"

"앗, 알셈! 아직 가는 중이야. 너희는 괜찮아?"

"뭐 그렇다고 할 수 있지. 너희 덕분에 이제 이곳은 벌레도 골렘도 더 이상 오지 않고 있어. 아주 한가해."

"그것참 다행이네. 미카엘과 라파엘은?"

"음. 안타깝게도 아직 힘이 돌아오지 않았어. 참, 지금 루시퍼가 화성 전체를 사악한 마법으로 조종하고 있는 건 알지? 미카엘 말로는 그 정도 힘을 내려면 엄청난 정신 집중을 해야 한대. 그러기 위해서는 마치 잠을 자는 것처럼 있을 거라더군. 그래서 너희가 두 몬스터 군단을 없애 버린 것도 아마 모르고 있을 거래."

"흠, 그렇다면 루시퍼를 만나서 뭘 해야 해?"

"아마 마법을 쓰기 위한 어떤 장치가 있을 거야. 그걸 파괴하래. 그렇게 되면 루시퍼가 깨어나겠지만 그와 동시에 미카엘과 라파엘도 힘을 되찾을 수 있대. 곧바로 너흴 구하러 갈 테니 우리가 도착할 때까지 어떻게든 버텨."

그러자 야무진이 얼굴을 잔뜩 찌푸리며 투덜거렸다.

"뭐, 뭐야? 우리는 무기도 없는데 어떻게 루시퍼를 상대로……."

"어떻게든 해봐야지. 지금은 달리 방법이 없잖아."

야무진의 말을 끊고 내가 말했다. 알셈이 다시 말했다.

"참! 그보다 내 위성 안테나로 너희가 있는 곳을 살펴보았는데 거기서 오른쪽으로 500미터 정도 가면 루시퍼가 있는 곳이야. 혹시 보여?"

"뭣?"

우리는 동시에 알셈이 말한 오른쪽으로 고개를 홱 돌렸다. 보인다! 루시퍼의 우주선이 보인다! 우주선의 크기는 어마어마했다.

"저기 있어! 엄청나게 큰데?"

"음, 땅에 착륙해 있군."

"저기 루시퍼 녀석이 자고 있겠구나."

나는 주먹을 다부지게 쥐고 알셈에게 말했다.

"좋아, 알셈. 이제 저곳으로 갈게. 혹시 가는 길에 몬스터라든가 위험한 건 안 잡혀?"

"치지지직, 당연히 있지. 치직, 미카엘 말로는 치지직, 굉장한 마법의 힘, 치지지."

갑자기 무전이 지직거리더니 알셈의 목소리를 알아들을 수 없을

정도로 잡음이 섞였다.

"알셈? 알셈!"

무전이 끊겼다. 우리는 저마다 우주복에 달린 무전기를 툭툭 쳐 보기도 하고 앉거나 뛰어 보기도 했지만 알셈의 목소리는 다시 들려오지 않았다.

"뭐야, 갑자기 왜 이러지? 고장 났나?"

"루시퍼가 있는 곳 근처라 그런 거 아닐까? 영화 같은 데서 보면 무전기 전파를 방해하는 장치를 설치해 놓잖아."

야무진의 말도 일리가 있었다.

"음, 그런데 알셈이 마지막에 뭐라고 했지?"

"마법의 힘 어쩌고 하지 않았어?"

우리가 머리를 맞대고 알셈의 마지막 말을 짜 맞추고 있을 때 아름이가 갑자기 뒤를 가리키며 외쳤다.

"어? 얘들아! 저기 좀 봐!"

"엥? 뭐야?"

황당한 일이 벌어졌다. 아름이가 가리킨 쪽은 오른쪽 500미터 앞, 즉 불과 몇 분 전 루시퍼의 우주선이 있던 곳이었는데 우주선이 보이지 않았다. 우주선 대신 웬 거대한 산이 있었는데 온통 모래와

흙으로 되어 있는지 짙은 황토색이었다.

"저, 저게 뭐야? 원래 저기 산이 있었어?"

"어떻게 된 거지? 아까는 신기루를 본 건가?"

"그러게 말이야. 엄청나게 높은 산인데?"

우리가 산을 보며 멍하니 있을 때 야무진이 말했다.

"잠깐, 저건 혹시 올림푸스산 아닐까?"

"올림푸스산? 그게 뭐야?"

"책에서 본 적이 있어. 화성에 있는 태양계 최고 높이의 산, 올림푸스산 말이야. 높이가 무려 27킬로미터에 달한대."

"우왓! 27킬로미터?"

깜짝 놀란 우리는 다시 한 번 산을 바라보았다.

"잠깐만, 저 산이 높긴 하지만 27킬로미터까지는 아닌 것 같은데?"

내 말에 아름이도 고개를 끄덕이며 말했다.

"맞아. 27킬로미터면 끝도 없는 벽처럼 보여야 하는데 대충 보기에 몇 백 미터 정도로밖에 안 보이는걸?"

"그, 그런데 얘들아. 저 산, 왠지 점점 가까이 다가오고 있는 것 같지 않아?"

"뭐?"

일원이가 손을 달달 떨면서 산을 가리켰다. 어라? 그러고 보니 방금 전보다 조금 가까워졌다. 대체 어떻게 된 일이지? 고개를 쭉 빼고 산을 자세히 들여다보던 아름이가 떨리는 목소리로 말했다.

"얘, 얘들아. 저건 산이 아냐! 모래폭풍이야"

"히이이이익! 정말이잖아? 어떡해! 점점 더 가까이 와!"

"이런! 피할 데도 없는데…… 모두 엎드려!"

콰콰콰콰콰콰!

"으아아아아아!"

그건 정말이지 엄청난 위력의 모래폭풍이었다. 봄가을에 유행하는 황사가 여름에 오는 태풍과 만났다고나 할까? 두꺼운 우주복을 입었는데도 사정없이 부딪히는 모래 때문에 온몸이 따가웠다.

"으악! 따가워!"

"안 돼! 지금 일어나면 날아가!"

나는 몸부림치며 일어서려 하는 야무진의 등을 꽉 눌렀다. 그렇게 우리는 한참을 납작 엎드린 채 거센 모래폭풍을 온몸으로 체험해야 했다. 잠시 후 모래폭풍이 지나가고, 우리는 반쯤 모래에 묻힌 몸을 털어내며 일어났다.

"으으, 다들 괜찮아?"

"세상에, 무릎까지 모래에 잠겼어."

"앗, 저길 좀 봐! 다시 루시퍼의 우주선이 보여!"

일원이가 앞쪽을 가리키며 외쳤다. 조금 전 모래폭풍에 가려 보이지 않던 루시퍼의 우주선이 다시 모습을 드러낸 것이다.

"갑자기 산이 나타난 게 아니라 모래폭풍이 불어온 거였구나."

"아무튼 우리 모두 무사해서 다행이야. 이제 루시퍼의 우주선으로……."

쉬이이이익!

그때였다. 또다시 루시퍼의 우주선이 희미해졌다. 이럴 수가! 뿌연 먼지를 일으키며 모래폭풍이 또 다가오고 있었다. 금세 루시퍼의 우주선은 모래폭풍에 가려 보이지 않았다.

"끼야악! 또, 또 오잖아?"

"이게 어떻게 된 거야? 이래서는 조금도 앞으로 나갈 수가 없는데……."

"꼭 누가 일부러 이러는 것 같아."

일부러? 가만, 혹시 이 모래폭풍은 루시퍼가 만든 마법 함정이 아닐까? 우주선에 접근하는 것을 막기 위해서 설치한 함정! 곰곰이 생각에 잠겨 있을 때 내 옆에 넙죽 엎드린 야무진이 내 우주복 바지를 잡아당기며 말했다.

"뭐해, 반올림! 죽고 싶은 거야? 엎드리지 않으면 날아가 버릴 거야!"

"자, 잠깐만! 스마트폰! 스마트폰 이리 줘 봐, 야무진!"

"뭣?"

난 재빨리 야무진의 스마트폰을 낚아챈 뒤 빠르게 다가오는 모래폭풍을 비췄다. 아니나 다를까 문제가 나타났다.

"역시! 이것도 함정이었어! 문제가 보인다고!"

아름이와 일원이도 벌떡 일어나 내 곁에 바싹 다가와 스마트폰을 들여다봤다.

"세상에! 모래폭풍이 루시퍼의 함정이었단 말이야?"

"올림아, 서둘러! 곧 다가올 거야!"

가속도가 붙었는지 모래폭풍은 조금 전보다도 더 빠른 속도로 우릴 향해 날아오고 있었다. 일원이 말대로 서둘러야 한다.

'침착하자, 반올림'

이럴 때일수록 침착함을 잃지 말아야 한다. 나는 친구들과 머리를 맞대고 스마트폰을 들여다봤다.

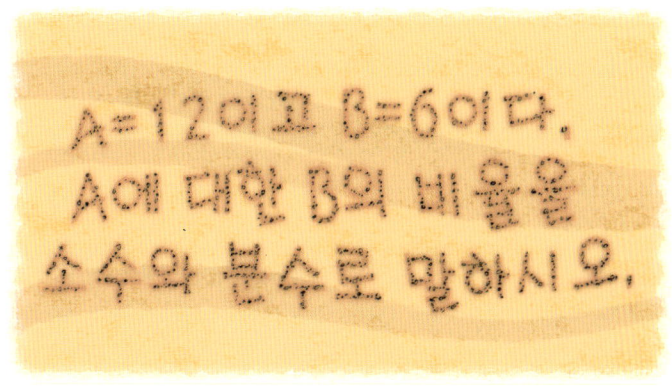

"이, 이게 뭐야? 무슨 소리인지 하나도 모르겠는데?"

"이건 비율에 관한 문제야."

"비율?"

일원이는 인상을 팍 찌푸렸지만 아름이는 문제를 파악한 모양이었다.

"아름이 말이 맞아. 기준량에 대한 비교하는 양의 크기 말이야. A = 12이고 B = 6라면……!"

"반올림, 빨리! 코앞까지 왔다고!"

야무진이 또 나를 잡고 흔들며 보챘다. 어휴, 정신 사나워. 아무튼 이 문제는 그다지 어렵지 않다. 우선 A에 대한 B의 비율을 분수로 나타내면 $\frac{6}{12}$이고, 기약분수로는 $\frac{1}{2}$이다. 그리고 $\frac{1}{2}$을 소수로 나타내면 0.5가 된다. 암산을 끝낸 나는 코앞까지 다가온 모래폭풍을 향해 크게 외쳤다.

"분수로는 $\frac{1}{2}$! 소수로는 0.5!"

휘이이이잉!

다리가 후들거릴 정도로 무서웠지만 동시에 온몸에 전율이 흐를 정도로 짜릿한 순간이었다. 내가 정답을 외치자 거센 모래폭풍이 나를 중심으로 양쪽으로 나뉘어 저 멀리 날아가 버렸다.

"성공이다!"

"우, 우와! 굉장한데?"

"올림아, 너 꼭 무슨 마법사 같았어."

"다시 루시퍼의 우주선이 보여!"

"좋았어! 가자, 얘들아!"

잔뜩 신이 난 우리는 루시퍼의 우주선을 향해 다시 발걸음을 옮겼다. 모래폭풍은 이후에도 여러 차례 불었지만 그때마다 비율 문

제를 풀어 모두 없애 버렸다. 그런데 루시퍼의 우주선을 불과 10미터 남겨 두었을 때, 갑자기 모래와 먼지가 가득해져서 한 치 앞도 볼 수 없게 되었다.

"으윽, 다 와서 이건 또 뭐야! 화성에도 황사가 있나?"

"어디가 어디인지 모르겠어. 너희도 잘 안 보이고……."

자욱한 모래 먼지 속에서 허우적대고 있을 때 아름이가 말했다.

"움직이지 마! 이것도 분명 함정일 거야. 올림아, 스마트폰! 어서!"

"앗, 그렇지!"

아름이 말에 정신을 차리고 스마트폰을 꺼내 주위를 비췄다. 이번에도 역시나 굵은 모래로 된 글자들이 여기저기 보였다.

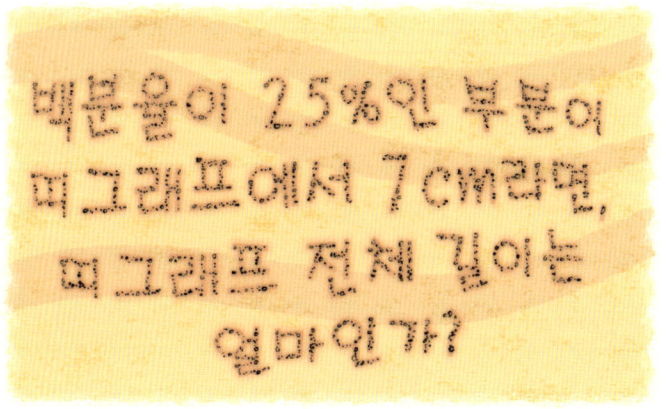

백분율이 25%인 부분이
띠그래프에서 7cm라면,
띠그래프 전체 길이는
얼마인가?

"띠그래프?"

"앗! 나 뭔지 알아! 전체에 대한 각 부분의 비율을 띠 모양으로 나타낸 그래프! 맞지?"

오잉? 이번엔 반대로 아름이가 알쏭달쏭한 얼굴인 데 반해 일원이가 먼저 문제를 파악해 답했다.

"맞아. 일원이 네가 웬일이야?"

"급식실에서 본 적이 있어. 학생들이 좋아하는 반찬을 설문 조사했는데 고기, 생선, 야채 등을 띠그래프로 나타낸 알림판이었거든. 그런데 이 문제는 어떻게 풀어야 해?"

역시 일원이는 먹는 문제일 때는 강하구나······. 나는 일원이에게 차근차근 설명했다.

"어렵지 않아. 25%가 7센티미터라고 했지? 이걸 비로 나타내면 25 : 7이 돼. 우린 띠그래프 전체의 길이를 알아야 하니까 25%를 100%라고 생각해 봐. 그럼 25 : 7 = 100 : □가 되잖아?"

"아하! 그렇다면 25에 4를 곱한 것처럼 7에도 4를 곱하면 28!"

"맞아."

"정답은 28센티미터!"

일원이가 정답을 외치자 모래 먼지는 회오리바람을 일으키며 사라

졌다. 그리고 마침내 루시퍼의 우주선이 눈앞에 보였다.

"됐어! 드디어 도착했다!"

"자, 모두 조심해. 이 안에 어떤 위험천만한 것들이 있을지 모르니까 말이야."

나는 침을 꿀꺽 삼키며 가장 먼저 우주선 문을 열고 들어갔다. 친구들이 내 뒤를 따라 우주선에 조용히 들어섰다.

와구와구 수학 랜드 1

여러분, 본문 속에 녹아 있는
원주, 원주율, 원의 넓이 그리고 비율에 대해
더욱 자세히 알아볼까요?

1 원주와 원주율에 대해 알아봅시다.

원주

원주란 원의 둘레의 길이를 말합니다. 원주를 구하는 공식은 다음과 같아요.

> 원주 = 지름 × 원주율
>   = 지름 × 3.14
>   = 반지름 × 2 × 3.14

다음 문제를 풀어 볼까요?

> 반지름이 50cm인 굴렁쇠를 200바퀴 굴렸다면
> 굴렁쇠가 굴러간 거리는 몇 m인가?

➜ 굴렁쇠가 한 바퀴 굴러간 거리가 원주입니다. 원주는 50 × 2 × 3.14 = 314(cm)이고 이것을 m로 고치면 3.14m가 돼요. 그러므로 200바퀴 굴렀을 때 굴러간 거리는 3.14 × 200 = 628(m)이 됩니다.

원주율

원의 지름의 길이가 커질수록 원주가 커집니다. 아래 그림을 보세요.

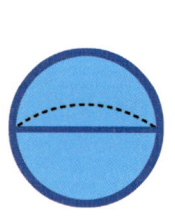 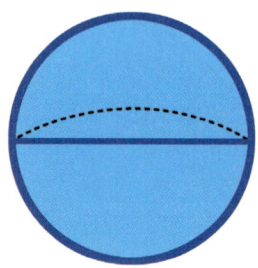

이때 원주와 지름의 길이의 비는 항상 일정한데 이 비율을 원주율이라고 해요. 원주율은 반올림하여 3.14로 사용합니다.

2 원의 넓이는 어떻게 구할까요?

원의 넓이를 구하는 공식은 다음과 같아요.

원의 넓이 = 반지름 × 반지름 × 원주율
= 반지름 × 반지름 × 3.14

왜 그런지 알아볼까요? 먼저 다음과 같이 원을 8개의 부채꼴로 잘라 붙여 보겠습니다.

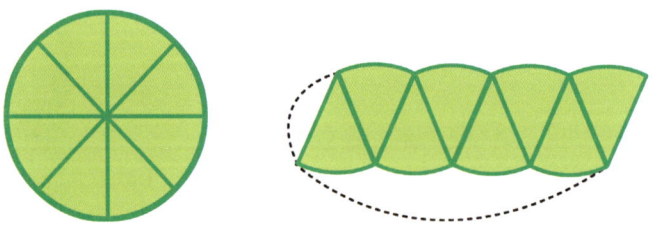

이번에는 16개의 부채꼴로 잘라 붙여 보죠.

 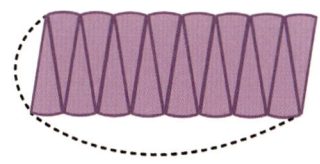

다시 더 작은 부채꼴로 잘라 붙여 볼까요? 이런 식으로 아주 작은 부채꼴로 잘라 붙이면 원의 넓이는 가로의 길이가 원주의 $\frac{1}{2}$이 되고 세로의 길이가 반지름인 직사각형의 넓이와 같아져요.

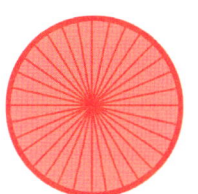 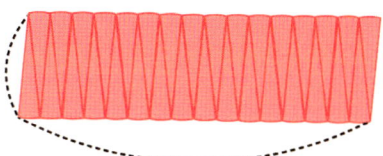

원의 넓이 = 원주의 $\frac{1}{2}$ × 반지름

'원주 = 반지름 × 2 × 원주율'이므로 '원주의 $\frac{1}{2}$ = 반지름 × 원주율'이 돼요. 그러므로 '원의 넓이 = 반지름 × 반지름 × 원주율'이 되는 거죠.

3 비율에 대해 알아봅시다.

미나네 모둠에는 남학생이 5명, 여학생이 3명입니다. 이때 전체 학생 수는 8명입니다. 전체 학생 수 8명을 기준으로 남학생 수를 비교할 때 전체 학생 수 8명을 기준량, 남학생 5명을 비교하는 양이라고 부릅니다. 이때 기준량에 대한 비교하는 양의 크기를 비율이라고 해요.

비율은 다음과 같이 정의할 수 있어요.

$$비율 = \frac{비교하는 양}{기준량}$$

이 공식을 써서 남학생의 비율을 구하면 기준량이 8이고 비교하는 양이 5이므로 $\frac{5}{8}$가 됩니다. 비율은 주로 분수나 소수를 이용해 나타냅니다.

또한 기준량을 1로 볼 때의 비율을 비의 값이라고 하는데 그 값은 비율과 같습니다. 즉 이 예에서 전체 학생 수에 대한 남학생 수의 비의 값이나 전체 학생 수에 대한 남학생 수의 비율이나 모두 $\frac{5}{8}$로 같아져요. 그러므로 문제를 풀 때

비의 값이나 비율을 구별할 필요는 없습니다. 비의 값의 공식 역시 비율의 공식과 같아지니까요.

$$비의값 = \frac{비교하는양}{기준량}$$

비율과 비의 값에 대해 알아봤으니 다음 문제를 풀어 볼까요?

> 아름이네 집에서는 오리 8마리, 닭 4마리를 기르고 있다.
> 오리의 수에 대한 닭의 비율을 분수와 소수로 나타내라.

➡ 분수로 나타내면 $\frac{4}{8} = \frac{1}{2}$이고 소수로 나타내면 0.5입니다.

> 일원이는 20개의 수학 문제 중 16개의 문제를 맞혔다.
> 맞힌 문제 수에 대한 틀린 문제 수의 비율을 소수로 나타내라.

➡ 분수로 나타내면 $\frac{4}{16} = \frac{1}{4}$이고 소수로 나타내면 0.25입니다.

4 띠그래프에 대해 알아봅시다.

띠그래프란

전체에 대한 각 부분의 비율을 띠의 모양으로 나타낸 그래프를 띠그래프라고 해요. 미나네 반 아이들이 좋아하는 과목에 대한 다음 띠그래프를 보죠. 수학을 좋아하는 학생은 50%, 영어를 좋아하는 학생은 30%, 국어를 좋아하는 학생은 20%라는 것을 알 수 있습니다.

[학생들이 좋아하는 과목]

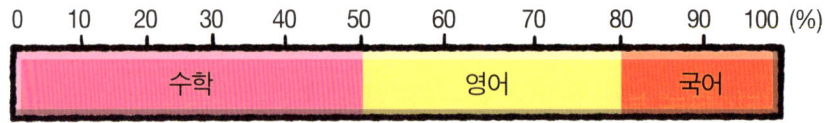

띠그래프 그리는 순서

띠그래프를 그리는 순서는 다음과 같습니다.

❶ 주어진 자료의 전체 크기에 대하여 각 항목들이 차지하는 백분율을 구한다.

❷ 각 항목이 차지하는 백분율만큼 띠를 분할한다.

❸ 분할한 띠에 명칭을 쓴 후 백분율의 크기를 구한다.

❹ 띠그래프에 알맞은 제목을 쓴다.

그럼, 아래의 문제를 풀어 볼까요?

> 백분율이 20%인 부분이 띠그래프에서 5cm로 나타났다.
> 띠그래프 전체의 길이는 얼마인가?

➡ 20 : 5 = 100 : □ 에서 □ = 25이므로 전체 길이는 25cm입니다.

5 원그래프에 대해 알아봅시다.

원그래프

전체에 대한 각 부분의 비율을 원에 나타낸 그래프를 원그래프라고 해요. 다음 그림은 미나네 반 학생들의 취미에 대한 원그래프예요.

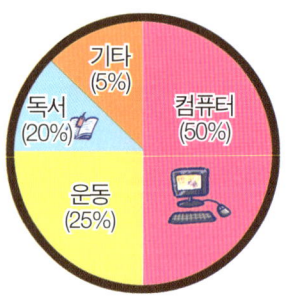

원그래프 그리는 순서

원그래프를 그리는 방법은 다음과 같아요.

❶ 주어진 자료의 전체 크기에 대하여 각 항목이 차지하는 비율을 백분율로 구한다.

❷ 각 항목이 차지하는 백분율만큼 원을 나눈다.

❸ 각 항목의 이름을 쓰고 백분율을 ( ) 안에 쓴다.

❹ 원그래프에 알맞은 제목을 쓴다.

그럼, 아래의 문제를 풀어 볼까요?

다음 그림은 연희네 마을에서 작년에 생산한 곡식별 생산량을 조사하여 원그래프로 나타낸 것이다. ( ) 안을 채워라.

➡ 전체 생산량은 100%가 되어야 하므로 쌀의 비율은 100−(15 + 20) = 65(%)입니다.

수학 추리 극장 1

"일원아, 많이 먹어라! 많이 먹어! 으하하하!"

"우와! 진짜 맛있어요! 박사님, 최고!"

피타고레 박사는 일원이와 함께 탐정 사무소에서 지난번에 왕갑부, 왕재벌 형제에게서 받은 거액의 수고비로 피자 파티 중이다. 피자를 먹던 일원이가 뒤쪽에 놓인 새 책상을 보며 물었다.

"냠냠, 그런데 박사님. 저 책상과 의자는 못 보던 거네요?"

"아! 저것 말이냐? 으하하! 그 욕심쟁이 형제가 준 수고비로 새로 장만했단다. 우리 사무실 가구들이 워낙 낡고 오래됐잖니."

"헤헤. 이제야 제대로 된 사무실 같아요!"

"껄껄. 그러게 말이다. 마음 같아선 이 탁자와 소파도 새로 바꾸고 싶다만 그러기엔 돈이 모자라서 말이야. 뭐, 또 좋은 일거리가 생기지 않겠니? 껄껄껄!"

"맞아요! 에헤헤헤!"

두 사람이 오랜만에 화기애애하게 웃음꽃을 피우던 그때, 사무실 문이 벌컥 열렸다. 깜짝 놀라 들어온 손님을 본 피타고레 박사는 이내 얼굴에서 웃음기가 사라졌다. 왕갑부, 왕재벌 형제가 또 찾아왔기 때문이다. 두 형제는 오늘도 화가 났는지 씩씩거렸다. 형인 왕갑부가 말했다.

"이보시오, 피타고레 박사! 하나 더 의뢰할 일이 있소!"

"아이고, 고객님! 물론입니다요. 이번엔 어떤 문제가……?"

피타고레 박사가 넙죽 고개를 숙이며 묻자 동생인 왕재벌이 품에서 토지 문서와 땅이 그려진 지도를 꺼내며 말했다.

"자, 우선 이걸 보시오. 이건 우리 아버지께서 물려주신 땅인데, 아버지는 갖고 계신 땅 중 $\frac{2}{8}$는 가난한 사람들에게 나누어 주라고 하셨소. 그럼 나머지 땅은 $\frac{6}{8}$이 남지 않소?"

"예, 그렇지요."

피타고레 박사가 지도를 들여다보며 대답했다. 그때 왕갑부가 호통을 치며 말했다.

"아버지께선 $\frac{6}{8}$을 나와 내 동생이 각각 $\frac{3}{8}$씩 나눠 가지라고 하셨소. 그래서 동생에게 일을 맡겼더니, 글쎄 이 녀석이 내가 가져갈 땅에 이렇게 그림을 그려 온 거요. 아무리 봐도 이건 $\frac{3}{8}$이 안 되는 것 같아. 동생 녀석이 자기가 더 많은 땅을 가져가려고 꼼수를 부린 게 틀림없소."

그 말에 동생 왕재벌이 버럭 화를 냈다.

"내가 형 같은 줄 알아? 땅 전문가를 고용해서 정확히 나눈 거라니까!"

"뭐가 어째? 흥! 네가 고용했다는 사람을 내가 믿을 줄 알고?"

두 사람의 언성이 높아지자 피타고레 박사가 둘을 뜯어 말렸다.

"자, 자, 일단 진정하시고 앉으시지요. 고객님들? 제가 한번 보겠습니다."

두 형제는 씩씩대며 자리에 앉았다. 그들을 보며 피타고레 박사는 생각했다.

'어휴, 하여튼 욕심쟁이들 같으니. 저번엔 동생이 형을 의심하더니, 이번엔 형이 동생을 의심하는군. 어디 한번 볼까?'

피타고레 박사는 지도에 색칠되어 있는 부분을 자세히 보았다. 그 부분이 전체 땅 중 왕갑부가 가져가게 될 땅이었다. 일원이가 옆에 붙어 그림을 자세히 들여다보더니 말했다.

"으음, 아무리 봐도 모르겠는데요? 왜 이렇게 삐딱하게 선을 그어 놔서 헷갈

리게 만들었담."

"흠! 비율을 이용해 문제를 풀어 봐야겠구나. 일원아, 연필 좀 가져오너라. 그림을 좀 그려 봐야겠다."

일원이가 연필을 가져왔고, 피타고레 박사는 지도에 요리조리 선을 그려 보더니 형제에게 말했다.

"정확합니다, 고객님. 이 색칠된 부분은 전체 땅 넓이의 $\frac{3}{8}$이 맞습니다."

동생 왕재벌이 벌떡 일어나 소리쳤다.

"것 봐! 내가 뭐랬어! 수고비는 형이 내!"

"쳇! 이번엔 그냥 넘어가 주지! 이보시오, 박사! 수고했소! 여기 수고비요!"

형 왕갑부는 또다시 거액의 수고비를 남기고 동생과 함께 사무실을 나갔다. 피타고레 박사와 일원이는 입이 귀에 걸렸다.

"이히히히! 일원아! 당장 탁자와 소파 사러 가자! 오는 길에 아이스크림도 사 주마!"

"우와! 좋아요! 야호!"

두 사람은 신이 나서 당장 가구점으로 달려갔다. 그런데 과연 피타고레 박사는 저 그림만 보고 어떻게 색칠된 부분의 땅이 전체 땅의 $\frac{3}{8}$이라는 걸 알았을까?

해결

우선 이 그림에서 큰 직사각형의 넓이가 40cm²라고 가정해 보자. 그리고 나서 오른쪽처럼 보조선을 그려 보면 쉽게 알 수 있다.

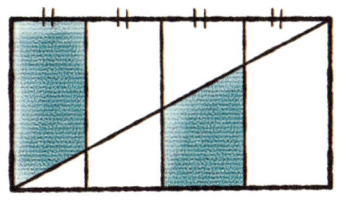 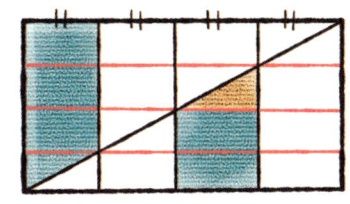

큰 직사각형은 작은 직사각형 16개로 이루어져 있으니까 작은 직사각형 하나의 넓이는 40 ÷ 16 = 2.5cm²라고 할 수 있다. 이때 노란색 삼각형을 다음과 같이 옮겨 보자.

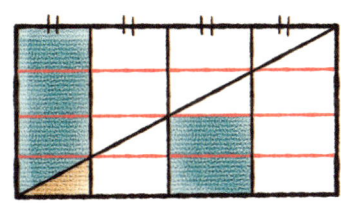

이제 색이 칠해진 부분은 작은 직사각형 6개로 이루어져 있다는 것을 알 수 있다. 그러므로 색이 칠해진 부분의 넓이는 6 × 2.5 = 15cm² 가 된다. 따라서 동생이 색을 칠한 부분의 비율은 $\frac{15}{40} = \frac{3}{8}$이다.

수학왕 반올림과 함께 배워요!
- 비례식
- 연비와 비례 배분

정완상 선생님의 **수학 교실**

위이이잉~ 쿵!

"엄마, 깜짝이야!"

"쉬이잇!"

우주선 문이 닫히는 소리에 야무진이 깜짝 놀라 비명을 질렀다. 나와 아름이, 일원이는 동시에 집게손가락을 입에 대며 조용히 하라는 사인을 보냈다. 어휴, 하여튼 호들갑은……. 우주선은 쥐죽은 듯 조용했다. 주위를 둘러보던 아름이가 작은 목소리로 말했다.

"다행히 안에 몬스터 같은 건 없는 것 같아. 이제 어디로 가야 하지?"

"우선 미카엘에게 연락해 보자. 아직도 무전이 안 되려나?"

나는 무전기를 조작했다.

"치지지 지직 지지지직!"

무전기는 여전히 먹통이었다. 야무진이 투덜거렸다.

"으으, 듣기 싫어. 잡음만 더 심해졌군."

"틀렸어. 완전히 연락이 끊긴 모양이야. 이제 어쩌지?"

"어? 얘들아, 천장에 창문 같은 게 있는데?"

일원이가 우주선 한쪽을 가리키며 말했다. 우주선 천장 한쪽이 유리로 되어 있었다. 위를 올려다본 우리는 모두 깜짝 놀랐다.

"루, 루시퍼잖아?"

"정말 잠을 자고 있는 것 같아."

"올림아, 저 유리관이 미카엘이 말한……."

"응. 아마 저걸 파괴하면 이 화성을 조종하는 루시퍼의 마법을 깰 수 있을 거야."

그러자 야무진이 침을 꼴깍 삼키며 말했다.

"그, 그리고 동시에 루시퍼도 깨어나겠지? 우린 어떻게 해?"

"그건 가면서 생각해 보자. 분명 방법이 있을 거야."

"이쪽에 문이 있어!"

일원이가 앞쪽에 놓인 거대한 문을 가리키며 말했다. 우리가 들어온 입구에서 통로라 할 수 있는 건 오직 그 문밖에 없었다. 그런데 문에는 별다른 보안 장치가 보이지 않았다. 우리가 가까이 다가서자 스르륵 문이 열리기까지 했다. 문 너머에 커다란 방이 나타났다.

"다행이야. 몬스터는 안 보여."

"어? 천장에 저건 뭐지?"

천장에 작은 전광판 하나가 보였는데, 정체를 알 수 없는 이상한 언어들이 적혀 있었다.

"저게 뭐지? 영어도 아니고, 한자도 아니고…… 화성인이 쓰는 외계어인가?"

"글쎄? 몬스터들이 쓰는 몬스터어일지도 모르지. 아무튼 가자."

내가 아무 생각 없이 걸음을 내디디려는 그때, 아름이가 내 팔을 덥석 붙잡았다.

"잠깐만! 뭔가 이상하지 않아? 몬스터도 하나도 없고……. 정말 루시퍼가 이렇게 무방비로 우주선에 혼자 있을까?"

"아……."

그러고 보니 뭔가 찝찝하긴 했다. 루시퍼는 경계심이 많고 늘 만반의 준비를 해놓는 녀석이다. 아무리 먼 곳에서 몬스터들을 소환했다지만, 호위 몬스터 하나 없이 이렇게 무방비로 혼자 있을 녀석이 아니었다. 내가 그런 생각에 잠겨 걸음을 멈추자 일원이가 말했다.

"우리는 지금 제대로 싸울 만한 무기도 없잖아. 더 잘된 것 아냐? 아름이는 조심성이 너무 많아서 탈이라니깐."

그러자 아름이가 다시 말했다.

"아냐! 이 정사각형 방만 해도 그래. 이렇게 넓은데 몬스터는 물론 아무 방어 장치도 없잖아. 뭔가 이상하지 않아?"

"그러고 보니……."

아름이 말대로 우리 앞에 나타난 이 방은 가로, 세로 길이가 각각 20미터쯤 되어 보이는 정사각형의 넓은 방이었는데, 천장에 있는 전광판을 제외하고는 아무것도 없었다. 그저 정면에 나가는 문만 보일 뿐이었다.

"일원아, 네가 이걸 좀 들어서 굴려 봐 줄래? 시험 삼아 굴려 보는 게 좋겠어."

아름이는 옆에 놓인 드럼통을 가리키며 일원이에게 부탁했다.

"끄응. 별 것도 아닐 것 같은데…… 알았어."

일원이는 투덜거리면서도 아름이가 시키는 대로 드럼통을 들어 방 안으로 굴렸다. 드럼통이 돌돌 굴러 방 중앙에 도착하자 깜짝 놀랄 일이 벌어졌다.

"삐빅! 무게 감지. 침입자 확인."

투투투투투투!

난데없이 방 중앙의 벽면 한쪽이 뒤집히며 총이 튀어나왔고, 순식간에 드럼통을 벌집으로 만들어 버렸다. 그걸 본 야무진은 바닥

에 털썩 주저앉으며 비명을 질렀다.

"히이이익! 벼, 벽에서 총이!"

"이것 봐! 내가 뭐랬어!"

"크, 큰일 날 뻔했어……."

등줄기가 오싹해졌다. 아름이 말을 듣지 않고 그냥 지나갔다면 우린 지금쯤 몸 여기저기에 시원하게 바람구멍이 났을 것이다.

"큰일이네. 다른 문 같은 건 없어 보이는데……."

"총이 나오는 중앙을 점프해서 지나가기에는 구간이 너무 길어.

이제 어쩌면 좋지?"

무슨 묘수가 없을까 궁리하던 내 눈에 문득 천장에 있는 전광판이 눈에 들어왔다. 혹시?

"야무진, 저 전광판을 스마트폰으로 한번 비춰 봐."

"전광판? 어디 보자. 우왓? 스마트폰으로 보니 숫자와 한글로 바뀌었어!"

역시 숫자벨 여사님이 마법을 걸어 준 스마트폰다웠다. 전광판에 적힌 외계어는 아무래도 몬스터들이 사용하는 언어인가 본데 스마트폰에 비친 전광판에는 숫자와 한글로 바뀌어 나타났다.

"그, 그런데 이거 수학 문제 같은데?"

"어디 좀 봐."

전광판에는 다음과 같은 문제가 보였다.

야무진은 문제를 보자마자 인상을 잔뜩 찌푸리며 말했다.

"이건 또 무슨 수수께끼야? 비율 문제 같은데 한쪽은 양쪽 다 뭔지도 알려 주지 않고…… 이걸 어떻게 풀라는 거야?"

"이건 비례식 문제야, 야무진."

"비례식?"

"그래. 두 비를 등호가 있는 식으로 나타난 것을 비례식이라고 해."

그러자 일원이가 물었다.

"그런데 올림아, 외항, 내항이 뭐야?"

"이 문제를 봐. 2와 첫 번째 □는 비례식에서 안쪽에 있지? 이 수들을 내항이라고 하고, 반대로 바깥쪽에 있는 6과 두 번째 □가 외항이 되는 거야."

"아하, 안쪽에 있으니 내항, 바깥쪽에 있으니 외항이라고 하는구나."

"맞아. 그리고 비례식에서 외항과 내항의 곱은 항상 같다는 특징이 있어. 그게 이 문제의 힌트야."

거기까지 들은 아름이가 말했다.

"그 말은 곧 내항인 2 × □ = 24이고 외항인 6 × □도 24라는 거구나?"

"바로 그거지! 이제 계산하면 어렵지 않지? 24 ÷ 2 = 12이고 24 ÷ 6 = 4니까 첫 번째 □는 12가 되고 두 번째 □는 4가 돼. 6 : 2 = 12 : 4가 되는 거야."

"그렇다면 정답은 12와 4!"

그러자 전광판의 문제가 사라지며 음성이 들렸다.

"삐빅! 암호 일치. 함정 작동 중지."

"오옷!"

겉으로는 아무것도 달라진 것이 없었지만 분명 전광판에서 '작동 중지'라는 소리가 들렸다. 우리는 혹시 몰라 다른 드럼통 하나를 던져 봤다. 다행히 총이 튀어나오지 않음을 확인하고 조심스럽게 방을 건넜다. 그리고 방 끝의 나가는 문에 다다르자 자동으로 문이 열렸다. 그리고 동시에 천장의 전광판에서 음성이 들렸다.

"삐빅! 횡단 확인. 함정 재작동. 새 문제를 통해 비밀번호를 초기화하시겠습니까?"

"오호, 이런 기능도 있구나. 루시퍼 녀석, 제법 첨단 보안 장치를 갖고 있네. 꼭 아파트 현관문에 있는 전자 잠금장치 같은데?"

나는 야무진이 감탄하며 뱉은 '전자 잠금장치'라는 단어를 듣는 순간 뭔가 번뜩 떠올랐다.

"그래! 그거다! 비밀번호 초기화!"

"삐빅! 문제를 검색 중입니다. 삐빅! 이 문제의 정답이 방의 새로운 비밀번호로 설정됩니다. 답을 말해 주세요."

그리고 전광판에는 새로운 외계어가 나타났다. 친구들이 의아한 얼굴로 내게 물었다.

"올림아, 뭐하는 거야?"

"그래. 이 방 비밀번호를 바꿔서 뭐하려고?"

"생각해 봐. 지금 우리는 가진 무기가 없잖아. 루시퍼가 깨어나면 우린 전속력으로 도망쳐야 하는데 그때 다시 여기를 지나가지 않겠어?"

내 말에 아름이가 알았다는 듯이 손뼉을 쳤다.

"아하! 그럼 루시퍼가 설정해 둔 비밀번호가 아닌 새로운 비밀번호로 설정하면!"

"바로 그거야! 어느 날 자기 집 현관문의 비밀번호를 누군가 바꿔 버리면 어떻게 되겠어?"

거기까지 말하자 일원이와 야무진도 눈치를 챘다.

"우리가 재빨리 새 비밀번호를 대고 여기를 지나가면, 뒤따라오던 루시퍼는 예전 비밀번호를 댈 것이고……!"

"루시퍼 녀석은 틀린 비밀번호 때문에 지나오지 못하거나 문제를 맞힐 시간이 필요해지겠군!"

"바로 그거지. 그동안 우리가 도망칠 시간을 벌 수 있을 거야. 자, 빨리 스마트폰으로 저 문제를 비춰 보자."

내 입으로 직접 말하긴 민망하지만 그건 정말이지 기막힌 생각이었다. 아무튼 그렇게 전광판이 다시 낸 문제는 다음과 같았다.

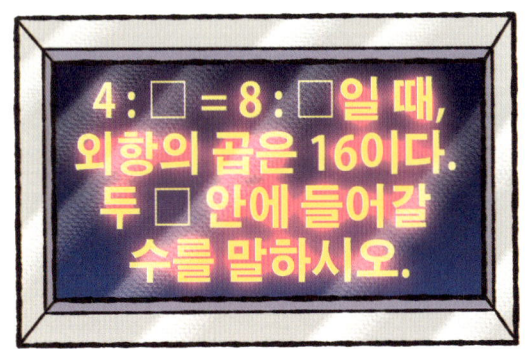

4 : □ = 8 : □ 일 때,
외항의 곱은 16이다.
두 □ 안에 들어갈
수를 말하시오.

아까와는 □가 조금 다르게 구성되어 있다. 야무진이 고개를 갸우뚱하며 말했다.

"이번에도 비례식 문제인데…… 아까랑 조금 다르네? 오른쪽에 있는 수를 아예 알 수가 없어."

"이것도 어렵지 않아. 외항의 곱이 16이라고 했지? 그러니까 내항의 곱도 16이 되는 거야. 자, 이제 풀어 볼 사람?"

이번엔 일원이가 손뼉을 치며 말했다.

"앗! 알겠어! 외항 4 × □ = 16이고 내항 □ × 8도 16이라는 거구나?"

그러자 이번엔 야무진이 말했다.

"그럼 16 ÷ 4 = 4이고 16 ÷ 8 = 2이니까 첫 번째 □는 2가 되고 두 번째 □는 4가 되네."

"맞았어. 그러니까 4 : 2 = 8 : 4가 되는 거야. 정답은 2와 4!"

"삐빅! 비밀번호가 2, 4로 재설정되었습니다."

"됐다!"

"좋아, 이제 12와 4에서 2와 4로 비밀번호가 바뀌었어. 잊지 말고 외워 둬."

"그럼, 계속해서 가자."

자동문이 열리자 이번에는 우주선의 여러 기계 장치가 있는 동력실이 나타났다. 우리는 조금 전처럼 조심스럽게 물건들을 던져 가며 앞으로 나아갔다. 다행히 함정 같은 것은 없었다. 그렇게 조금 더 걸어가자 창문이 달린 굉장히 두꺼운 문이 나타났다.

"앗! 바로 이 문만 열면 돼. 저길 좀 봐. 루시퍼가 코앞에 보여."

일원이가 까치발을 들어 창문 너머를 보며 말했다.

"좋아. 그런데 이 문은…… 앗, 여기 비밀번호를 입력하는 칸이 있어."

그 문에는 비밀번호를 입력하는 장치가 있었고 숫자가 적힌 곳 위에 있는 작은 화면에 외계어가 보였다.

"좋아, 스마트폰을 비춰 보자."

야무진이 스마트폰을 비추며 화면에 나타난 문제를 또박또박 읽었다.

"'$3 \times A = 24$이고, $3 : A = 9 : B$이다. A와 B의 곱은 얼마인가?'라는 문제야. 정답이 이 문의 비밀번호라고 하는군."

"어렵지 않네. $24 \div 3 = 8$이니까 $3 : 8 = 9 : \square$가 돼. 3이 9가 되려면 3을 곱해야 하니까 $3 : 8 = 9 : 24$가 돼. 정답은 A의 정답인 8과 B의 정답인 24를 곱하면 돼. $8 \times 24 = 192$이니까 정답은 192!"

내가 말을 마치자마자 야무진이 비밀번호 192를 입력했다. 그러자 삑 소리와 함께 두꺼운 문이 육중한 굉음을 내며 열렸다. 드디어 우리는 루시퍼 앞에 섰다. 비록 잠을 자고 있다지만 무시무시한 마왕을 코앞에서 보고 있자니 긴장감에 입이 바짝 말랐다.

"조, 좋아. 그럼 가 볼……."

아름이가 내 어깨에 손을 턱 올리며 속삭였다.

"이 두꺼운 문도 비밀번호를 바꾸는 게 좋겠어."

"아, 그래. 야무진. 비밀번호 초기화하는 버튼이 어디 있는지 알겠어?"

"물론이지. 이 기종은 여기를 이렇게 요렇게 해서 누르면……."

야무진은 익숙한 손놀림으로 잠금장치를 조작했다. 곧이어 아까와는 다른 외계어가 작은 화면에 나타났다. 그것을 스마트폰으로 비춰 본 야무진이 말했다.

"'16 : 12 = A : B에서 내항의 곱은 48이다. A와 B의 곱은 얼마인가?' 이 문제의 정답이 새 비밀번호가 될 거야."

"내항의 곱이 48이라면 외항의 곱도 48이야. 48 ÷ 16 = 3이고 48 ÷ 12 = 4니까 16 : 12 = 4 : 3이 되지. 그러니까……."

"알아! 4 × 3 = 12지. 그러니 새 비밀번호는 12!"

간단한 구구단 수준의 계산이 나오자 야무진이 내 말을 재빨리 가로채 정답을 말했다. 나 원 참.

"좋아. 비밀번호는 192에서 12로 바뀌었어. 모두 잊지 마. 이제 출발하자."

"쉿! 모두 큰소리 내지 않게 조심해."

가장 안쪽 문의 비밀번호까지 바꾼 우리는 잠들어 있는 마왕 루시퍼의 발밑으로 조심스럽게 다가갔다.

 루시퍼가 있는 수상한 마법 장치 아래에 도착하자 또다시 문제가 생겼다. 처음 보는 복잡한 기계 장치라 어떻게 조작해야 할지 알 수가 없었던 것이다. 버튼도 스위치도 너무 많아 뭘 눌러야 할지 감이 잡히지 않았다.

나와 아름이, 일원이는 말없이 야무진을 쳐다보았다.

"왜, 왜 날 봐? 내가 얼리어답터이긴 하지만 이런 건 처음 보는 기계라고!"

야무진도 딱히 방법이 없어 보이자 일원이가 어디서 가져왔는지 거대한 쇠파이프를 들고 말했다.

"그냥 간단하게 때려 부수는 게 좋겠어."

"지, 진정해. 그건 별로 좋은 생각이 아닌 것 같아."

나는 일원이를 말렸다. 아무리 그래도 무작정 부쉈다간 어떤 일이 생길지 몰랐다. 그사이 아름이는 계속해서 알셈과 미카엘에게 무전을 시도하는 것 같았지만 소용이 없었다.

"혹시 이것도 스마트폰으로 비춰 보면…… 오잉?"

"왜 그래? 문제라도 나타난 거야?"

84

"그건 아니지만 여기 버튼의 글자들이 한글로 보이네. 이거라면 어떻게 해볼 수도 있겠는데?"

"정말이야? 좋아. 내가 네 눈높이에 맞춰 스마트폰을 들고 있을 테니 어떻게든 해봐."

"알았어. 어디 한번 해볼까?"

나는 야무진의 우주선 헬멧 바로 앞에 스마트폰을 들어 주었고, 야무진은 양손을 빠르게 움직이며 수상한 마법 장치의 버튼을 이것저것 눌러댔다. 잠시 후 야무진이 어떤 버튼 몇 개를 누르자 마법 장치에서 음성이 들려왔다.

"흑마법 증폭 장치 해제. 1차 코드 여섯 자리를 입력하세요."

"코드 여섯 자리? 이게 무슨 말이야?"

"으음. 비밀번호를 입력하라는 것 같은데……. 이건 루시퍼만 알고 있을 거야. 어떻게 하지?"

우리는 또다시 고민에 빠졌다. 일원이는 대충 아무렇게나 입력해 보라고 했지만, 만일 비밀번호가 틀렸을 경우 어떤 끔찍한 일이 벌어질지 모르기 때문에 섣불리 그럴 수도 없었다.

"가만, 인터넷 사이트 같은 데서 아이디나 비밀번호를 잊어버렸을 때 어떻게 하더라?"

"앗? 그렇지! 잠깐만 기다려 봐."

내 혼잣말에 야무진은 갑자기 이것저것 버튼을 눌러댔다. 그리고 잠시 후 다시 음성이 들렸다.

"본인인증을 위한 비밀번호 힌트입니다. ABC의 연비는 8 : 2 : 5입니다. B가 10이 되었을 때 ABC의 연비를 입력해 주세요."

연비에 대한 문제였다. 수학을 듣기평가로 하게 될 줄이야. 내가 문제 내용을 까먹지 않으려 곰곰이 다시 생각하고 있을 때 야무진이 맥 빠지는 질문을 했다.

"연비? 연비가 뭐야, 반올림? 자동차 연비를 말하는 건가?"

"으이구, 아니야. 8 : 2 : 5처럼 셋 이상의 비를 한꺼번에 나타낸 것을 연비라고 해."

아름이가 말했다.

"2였던 B가 10이 되었다면 2에 5를 곱한 거잖아? 그럼 나머지 A와 C에도 5를 곱해 주면 되겠구나."

"맞아. 그러니까 B가 10이 되었을 때 ABC의 연비는 40 : 10 : 25가 돼. 자, 입력해 봐."

야무진은 내가 시키는 대로 40, 10, 25를 차례대로 눌렀다. 그러자 새로운 음성이 들렸다.

"1차 코드 일치. 2차 코드 여섯 자리를 입력하세요."

"돼, 됐다. 아까처럼 다시 입력해 봐."

"좋았어. 기다려 봐!"

잠시 후, 2차 코드의 힌트가 되는 문제가 들려왔다.

"A와 B의 비는 3 : 2.5이고 B와 C의 비는 4 : 3입니다. A, B, C의 연비를 입력하세요."

"으엥? 이건 무슨 말이야? 도대체 하나도……."

"에잇! 못 들었잖아! 조용히 좀 해!"

음성이 나오고 있는 도중에 투덜거리는 야무진 때문에 문제를 제대로 못 들었다. 하여튼 듣기 평가 때 꼭 이런 녀석들이 있다니까! 하지만 다행히 집중해서 문제를 들은 아름이가 다시 한 번 알려 주었다.

"A : B = 3 : 2.5이고, B : C = 4 : 3이라고 했어. B가 양쪽 비에 모두 있지만 숫자가 다른데 어떻게 A, B, C의 연비를 구해?"

"어렵지 않아. 그런데 나도 암산으로 하려니 조금 헷갈리는데……. 아, 여기 종이와 펜이 있다. 잘 봐. 아름아."

나는 옆에 있던 종이에 연비의 계산식을 적으며 아름이에게 설명해 주었다.

"우선 A : B에서 소수 2.5가 있으니 각항에 10을 곱해 보자. 그럼 A : B = 30 : 25가 되겠지? 각항을 5로 나누면 6 : 5가 되고 말이야."

"그럼 A : B = 6 : 5이고 B : C = 4 : 3이 되네. 음, 그래도 B는 양쪽 비에서 수가 달라, 올림아."

"그래. 그럼 종이에 이렇게 적어 볼게."

A : B   = 6 : 5
    B : C =   4 : 3

"아하! 더 보기 편하다."

"자, 그럼 A : B : C = 6×4 : 5×4 : 5×3이 돼."

"그럼 24 : 20 : 15가 되는구나!"

"바로 그거야! 자, 야무진!"

"오케이!"

야무진은 2차 코드인 24, 20, 15를 입력했다.

"흑마법 증폭 장치가 해제되었습니다. 결계 해제. 화성이 마법의 힘으로부터 풀려납니다."

"끄으으음? 아니 이게 어떻게 된……!"

루시퍼가 신음하며 몸을 움직였고 나와 눈이 마주쳤다!

"반올림? 또 네놈들이로구나! 이놈드으을!"

"히익!"

"도, 도망쳐! 어서!"

우리는 허겁지겁 뒤돌아 달리기 시작했다. 어서 탈출해야 한다!

"또 나를 방해하다니! 살려두지 않겠다!"

"으아악!"

루시퍼는 손을 들어 우릴 향해 마법 광선을 쏘았다. 가까스로 피했지만 우주선 바닥이 푹 파일 만큼 엄청난 위력이었다.

"뛰어! 빨리!"

"사람 살려!"

우리는 조금 전에 들어왔던 두꺼운 문까지 단숨에 달려갔고 새로 바뀐 비밀번호를 입력했다. 이번엔 내가 야무진을 다그쳤다.

"빨리 눌러, 빨리! 12였어, 12!"

"알아! 누르고 있다고!"

"이놈들!"

"으아아악! 빨리!"

간발의 차로 문이 열렸고, 우리는 바깥으로 뛰쳐나갔다. 맨 마지막에 나온 나는 거의 점프하다시피 해서 문을 넘었다.

"올림아! 뛰어!"

"절대 놓치지 않겠다!"

루시퍼는 잽싸게 땅으로 내려와 우리가 통과한 문까지 단숨에 다가왔다.

"1, 9, 2! 뭐, 뭐야? 어째서 비밀번호가?"

나의 기막힌 작전이 제대로 먹혔다. 비밀번호가 바뀌자 루시퍼는 당황한 기색이 역력했다. 문의 유리창 너머로 그 모습을 확인한 우리는 쾌재를 불렀다. 특히 야무진은 겁도 없이 루시퍼를 향해 혀를 내밀며 약 올리기까지 했다.

"헤헹! 많이 당황하셨어요? 마왕님!"

"이이이이~놈드으으을!"

콰쾅! 쾅! 콰지지직!

야무진의 도발에 화가 머리끝까지 난 루시퍼는 두꺼운 문에 마구 마법 광선을 날렸다. 문을 열지 못하니 아예 부숴 버릴 생각인 것 같았다. 우리는 서둘러 도망쳤다.

"히익! 문을 부수고 있잖아!"

"으이그! 빨리 뛰기나 해! 얼마 버티지 못할 거야!"

정신없이 우주선으로부터 탈출하는 그때, 무전기가 지직거리며 반가운 목소리가 들려왔다.

"치지직, 반올, 치지직, 우주선 밖으로, 치지직, 우리가 그곳으로, 치지지직!"

"앗? 여보세요? 미카엘? 미카엘?"

무전은 다시 잡음을 내며 들리지 않게 되었지만, 확실히 '우리가 그곳으로'라는 말을 들었다.

"이곳까지 미카엘이 오는 모양이야. 서두르자!"

콰콰쾅!

"이런! 달려!"

어느새 두꺼운 문까지 부숴 버린 루시퍼는 무서운 속도로 우릴 향해 날아오기 시작했다. 벽에서 총이 나왔던 방에 도착한 우리는 동시에 외쳤다.

"비밀번호! 2와 4!"

"삐빅! 암호 일치. 함정 작동 중지."

"됐다! 가자!"

우리는 정신없이 방을 뛰어 통과했다. 뒤따라온 루시퍼가 비밀번호를 입력했지만 역시 열리지 않았다. 루시퍼는 우리가 바꾼 비밀번호를 알 리가 없으니까. 하하하. 루시퍼는 열리지 않는 문에 마법 광선을 마구 쏘아댔다. 그사이 우리는 맨 처음 열고 들어온 우주선 문에 도착했다. 하지만 문제가 생겼다.

"뭐, 뭐야? 열리지 않아!"

들어올 때는 쉽게 열리던 문이 갑자기 잠기다니? 그때 우리 뒤쪽에서 총이 있는 방의 문을 부수던 루시퍼가 외쳤다.

"너희만 잔꾀를 부릴 줄 알았느냐! 내 마법으로 문을 잠가 버렸지! 이제 네놈들은 독 안에 든 쥐다!"

이럴 수가! 루시퍼가 유일한 탈출구인 나가는 문을 잠가 버렸다! 잔뜩 겁에 질린 아름이가 내 팔을 꽉 붙잡았다.

"이제 어떻게 해, 올림아!"

"모, 모르겠어. 다른 탈출구는 아무리 봐도 없는데……."

"치직, 반올림! 치지직, 어서 나와! 치직, 뭘 하고 있는 거냐?"

"앗! 미카엘! 큰일 났어요!"

나는 미카엘에게 우리의 상황을 알렸다. 마법의 힘이 돌아오자마자 이곳으로 날아온 미카엘은 해골 대왕과 몬스터들에게 우주선 문을 뜯으라고 지시했다. 하지만 아무리 힘을 써도 굳게 닫힌 문은 쉽게 열리지 않았다. 그때 숫자벨 여사님의 무전이 들려왔다.

"야무진 군! 내가 마법을 걸어 준 스마트폰의 뒤쪽 케이스를 뜯으면 접착제가 있을 겁니다. 그대로 문에 붙이세요."

"예엣? 케이스를……? 앗. 정말이네! 알았어요!"

우린 영문을 몰랐지만 우선 숫자벨 여사님이 시키는 대로 스마트폰의 뒤쪽 케이스를 뜯어내어 문에 붙였다.

"자, 이제 스마트폰에 내가 불러 주는 숫자를 입력하세요. 1, 3, 5, 7……."

야무진은 숫자벨 여사가 시키는 대로 스마트폰의 숫자 패드에 숫자들을 입력했다. 루시퍼는 총이 나오는 방을 거의 다 부수어서 금방이라도 뚫고 나올 것 같았다.

"서둘러, 야무진! 이제 너에게 달렸어!"

"그래! 이번엔 진짜로 감사할 테니까, 빨리!"

"알았다고! 11, 13…… 됐어! 다 입력했어요!"

야무진이 문에 붙은 스마트폰에 숫자를 모두 입력하자 놀랍게도 스마트폰 화면에 문제가 나타났다. 야무진이 가까이 다가가 문제를 읽었다.

"이, 이게 뭐야? 자폭 시스템 가동? 비밀번호는 18을 A, B, C에 2 : 3 : 4로 비례 배분한 숫자입니다?"

"오, 올림아!"

"그래. 봤어. 이건 연비의 비례 배분 문제야!"

옆에서 함께 문제를 읽은 나는 침을 꿀꺽 삼켰다. 그리고 재빨리 계산을 시작했다. 비례 배분이란 전체를 주어진 비로 나누는 것을 말한다. 18을 2 : 3 : 4로 비례 배분하면 다음과 같다.

$$A = 18 \times \frac{2}{(2+3+4)} = 18 \times \frac{2}{9} = 4$$

$$B = 18 \times \frac{3}{(2+3+4)} = 18 \times \frac{3}{9} = 6$$

$$C = 18 \times \frac{4}{(2+3+4)} = 18 \times \frac{4}{9} = 8$$

"정답! A = 4, B = 6, C = 8이야!"

내가 정답을 외침과 동시에 야무진은 재빨리 4, 6, 8을 입력했다. 그러자 스마트폰에서 기계음이 들렸다.

"5초 후 폭발합니다. 멀리 벗어나 엎드리세요. 5, 4, 3……."

"으아악! 모두 엎드려!"

콰콰쾅!

굉음과 함께 스마트폰이 폭발했고, 문은 산산이 뜯겨 나갔다. 동시에 루시퍼가 드디어 문을 부수고 방을 지나와 엎드려 있는 우릴 발견했다.

"아니, 이놈들이! 내 우주선에 무슨 짓을? 용서하지 않겠다!"

"그렇게는 안 될 거다!"

"아니?"

눈물 나게 반가운 목소리! 바로 라파엘이었다! 문이 뜯긴 우주선 밖에서는 라파엘과 미카엘 그리고 유령선의 몬스터들이 우주선 주위를 둘러싸고 있었다. 우리는 루시퍼가 당황한 틈을 타 재빨리 우주선 밖으로 뛰쳐나갔다.

"얘들아, 지금이야! 뛰어!"

"꺄악!"

"이, 이런! 놓칠 줄 알고!"

"공격! 공격하라!"

우리 뒤를 바짝 쫓아오던 루시퍼는 우주선 밖에서 기다리고 있던 라파엘을 비롯한 수많은 미카엘의 몬스터로부터 집중 공격을 받았다.

"크으윽! 이런, 대천사들의 마력이 돌아왔구나! 혼자서는 무리다!"

루시퍼는 재빨리 우주선 깊숙이 도망쳤다. 이내 라파엘과 몬스터들이 뒤쫓으려 했지만 우주선은 바닥에서 시뻘건 불길을 내뿜으며 떠오르기 시작했다. 미카엘이 큰 목소리로 외쳤다.

"위험하다! 모두 뒤로 물러서라!"

슈웅!

라파엘과 몬스터들은 모두 뒤로 물러섰다. 이윽고 루시퍼의 우주선은 굉장한 바람을 일으키며 공중으로 높이 솟아올랐다. 우주선 안에서 루시퍼의 목소리가 들려왔다.

"두고 보자! 미카엘, 라파엘 그리고 인간 꼬마 녀석들! 내 부하들을 모두 이끌고 와 반드시 오늘의 치욕을 갚겠다!"

그렇게 루시퍼는 우주선을 끌고 화성에서 쫓겨나다시피 도망쳤다. 우리의 승리다!

"이얏호! 해냈다!"

"나이스 타이밍이었어요, 라파엘!"

"정말 수고 많았습니다, 여러분."

라파엘의 뒤로 뛰어오는 알셈과 피타고레 박사님이 보였다.

"이야, 꼴뚜기! 다시 봤는데?"

"알셈!"

"아름아, 무사했구나! 아이고, 내 조카."

"으앙, 삼촌!"

그렇게 모두 서로 부둥켜안고 환호하던 그때, 딱 한 사람만 벌레 씹은 얼굴을 하고 있었다. 다름 아닌 야무진이었다. 나는 어깨가 축 처져 주저앉아 있는 야무진에게 다가가 말을 건넸다.

"야무진? 너 왜 그래? 아! 아무도 네 활약을 알아주지 않는구나?"

"그게 아냐……."

"자! 여러분! 주목해 주세요! 우리 야무진이 이번 화성 전투에서 얼마나 큰 힘이 되었냐면! 스마트폰을 이용해서……."

"다 필요 없어! 이제 어쩔 거야! 내 스마트폰!"

내 말을 끊으며 야무진이 버럭 소리를 질렀다.

"에엥?"

"완전 최신형이었단 말이야! 왜 거기다 폭탄 같은 걸 설치해 둔 거예요? 숫자벨 여사님, 미워! 아직 약정 기간도 안 끝난 건데! 으허어어어엉!"

"……."

그랬다. 야무진은 문을 부수는 폭탄이 되어 장렬히 전사한 스마트폰 때문에 울상이었던 것이다. 나 참, 이 와중에 그게 그렇게 중요한가? 아무튼 서럽게 우는 야무진을 토닥이며 우리는 모두 미카엘의 유령선에 다시 탑승했다. 라파엘은 다시 한 번 우릴 향해 감사의 인사를 전했다.

"정말 고맙습니다! 여러분에게 큰 빚을 졌군요."

"그러게 말이야. 꼴뚜기, 이제 우주인이 다 되셨어."

알셈도 옆에서 나를 툭 치며 칭찬했다. 쳇. 왠지 얄미운걸?

"천만에요. 그동안 라파엘은 우릴 몇 번이나 구해 줬는걸요."

"음, 루시퍼는 도망쳤지만 분명 머지않아 다시 대군을 모아 우릴 공격해 올 겁니다. 모쪼록 몸조심하셔야 합니다."

"물론이에요, 라파엘."

그렇게 이런저런 이야기를 나누며 승리의 기쁨을 만끽하는 사이 마력을 되찾은 미카엘의 유령선에 엔진이 돌아가는 경쾌한 소리가 들려왔다.

"자, 출발한다. 엄청난 속도로 날아가겠지만 지구까지는 몇 시간 걸릴 거다. 모두들 피곤할 테니 잠이라도 자 둬라."

미카엘의 말에 우리는 지긋지긋한 우주복을 훌러덩 벗어 버렸다. 나는 유령선 바닥에 앉아 두 다리를 쭉 뻗었다.

'오늘 화성에서의 하루는 정말 1년처럼 느껴졌어.'

그때 결연한 표정을 한 야무진이 자리에서 벌떡 일어나며 진지한 목소리로 말했다.

"미카엘, 부탁이 있어요."

"음? 뭔가?"

"지구에 가면 가까운 휴대폰 매장부터 들러 주세요. 폰이 없으니까 아까부터 손이 떨리고 불안해서…….”

“…….”

미카엘은 물론 우리는 모두 할 말을 잃었다. 어휴, 그놈의 스마트폰이 대체 뭐길래!

“야! 미카엘이 무슨 택시인 줄 알아?”

“와하하하!”

지구로 향하는 미카엘의 유령선 안은 그 어느 때보다도 큰 웃음소리가 울려 퍼졌다.

〈다음 권에 계속〉

와구와구 수학 랜드 2

여러분, 본문 속에 녹아 있는 비례식, 연비, 비례 배분에 대해 더욱 자세히 알아볼까요?

1 비례식이란 무엇일까요?

2 : 3 = 4 : 6과 같이 두 비를 등호가 있는 식(등식)으로 나타낸 것을 비례식이라고 해요. 비례식에서 안쪽에 있는 두 수 3과 4를 내항이라고 하고, 바깥쪽에 있는 두 수 2와 6을 외항이라고 부릅니다. 이때 내항끼리의 곱인 3 × 4 = 12이고 외항끼리의 곱인 2 × 6 = 12가 되지요? 이렇듯 비례식에서 내항끼리의 곱과 외항끼리의 곱은 항상 같습니다. 아래의 문제를 봅시다.

> 다음 □ 안에 알맞은 수를 써 넣어라.
> $$\frac{1}{2} : \frac{2}{3} = □ : 8$$

$\frac{1}{2} : \frac{2}{3}$의 각 항에 6을 곱하면 3 : 4가 되므로 주어진 비례식은 3 : 4 = □ : 8이 돼요. 이로써 □ = 6이라는 것을 알 수 있습니다.

106

2 연비에 대해 알아봅시다.

1 : 2 : 3처럼 셋 이상의 비를 한꺼번에 나타낸 것을 연비라고 해요. 예를 들어 올림이는 10살, 아름이는 5살, 일원이는 15살이라고 했을 때 두 사람의 나이의 비를 비교해 보죠.

올림이의 나이 : 아름이의 나이 = 10 : 5
아름이의 나이 : 일원이의 나이 = 5 : 15

두 비에서 공통으로 사용된 항은 아름이의 나이죠? 이 식을 다음과 같이 적을 수 있어요.

올림이의 나이 : 아름이의 나이 　　　　　 = 10 : 5
　　아름이의 나이 : 일원이의 나이 = 　5 : 15

아름이의 나이에 해당되는 붉은색으로 나타낸 수가 같지요? 이때 세 사람의 나이의 비를 연비로 나타내면 다음과 같습니다.

　　올림이의 나이 : 아름이의 나이 : 일원이의 나이 = 10 : 5 : 15

　　한편 비에서는 각 항을 같은 수로 나누어도 되므로 각 항을 5로 나누면 다음과 같이 간단한 자연수의 비가 돼요.

　　올림이의 나이 : 아름이의 나이 : 일원이의 나이 = 2 : 1 : 3

　　두 비의 관계를 연비로 나타내는 일반적인 방법을 보죠. 가 : 나 = 2 : 5이고, 나 : 다 = 3 : 2일 때 연비 가 : 나 : 다를 구해 보죠.
　　우선 다음과 같이 적어 보세요.

　　　가 : 나　　= 2 : 5
　　　　나 : 다 =　 3 : 2

　　이때 연비 가 : 나 : 다 는 다음과 같이 계산해요.

　　　가 : 나 : 다 = 2×3 : 5×3 : 5×2 = 6 : 15 : 10

어때요? 어렵지 않지요? 그럼 다음 문제를 풀어 봅시다.

> 야무진과 일원이가 가지고 있는 돈의 비는 2 : 3.5이고
> 일원이와 아름이가 가지고 있는 돈의 비는 6 : 8일 때,
> 세 사람이 가지고 있는 돈의 비를 연비로 나타내라.

➡ 2 : 3.5의 각 항에 10을 곱하면 20 : 35가 되고, 각 항을 5로 나누면 4 : 7이 됩니다.

야무진 : 일원 = 4 : 7
일원 : 아름 = 6 : 8

야무진 : 일원 : 아름 = 24 : 42 : 56 = 12 : 21 : 28

3 비례 배분에 대해 알아봅시다.

전체를 주어진 비로 나누는 것을 비례 배분이라고 해요. 예를 들어 공책 24권을 형과 동생의 비가 3 : 1이 되게 비례 배분하면 다음과 같아요.

형 : $24 \times \dfrac{3}{3+1} = 24 \times \dfrac{3}{4} = 18(권)$

동생 : $24 \times \dfrac{1}{3+1} = 24 \times \dfrac{1}{4} = 6(권)$

이번엔 연비로 주어진 경우의 비례 배분을 알아봅시다. 사과 18개를 반올림 : 아름 : 일원 = 2 : 3 : 4 로 비례 배분하면 다음과 같아요.

반올림 : $18 \times \dfrac{2}{(2+3+4)} = 18 \times \dfrac{2}{9} = 4(개)$

아름 : $18 \times \dfrac{3}{(2+3+4)} = 18 \times \dfrac{3}{9} = 6(개)$

일원 : $18 \times \dfrac{4}{(2+3+4)} = 18 \times \dfrac{4}{9} = 8(개)$

이제 다음 문제들을 풀어 봅시다.

아름이네 농장에는 닭과 오리가 모두 300마리가 있다.
닭과 오리의 수의 비가 3 : 2일 때 닭과 오리는 각각 몇 마리인가?

➡ 닭은 $300 \times \dfrac{3}{3+2} = 180$(마리), 오리는 $300 \times \dfrac{2}{3+2} = 120$(마리)입니다.

반올림, 야무진, 알셈이 7 : 6 : 8의 비로 구슬 84개를 나누어 가지려고 한다
알셈은 야무진보다 몇 개의 구슬을 더 가지게 되는가?

➡ 세 사람이 가진 구슬은 다음과 같아요.

반올림 : $84 \times \dfrac{7}{7+6+8} = 28$(개)

야무진 : $84 \times \dfrac{6}{7+6+8} = 24$(개)

알셈 : $84 \times \dfrac{8}{7+6+8} = 32$(개)

그러므로 알셈은 야무진보다 8개의 구슬을 더 가지게 됩니다.

수학 추리 극장 2

"으하암! 일원아, 그만 먹고 집에 가자. 넌 졸리지도 않니?"

"박사님. 전 먹을 땐 졸린 것도 얼마든지 참을 수 있어요! 냠냠······."

이곳은 얼마 전에 새로 문을 연 일원이네 집 근처 치킨 가게이다. 피타고레 박사와 일원이는 가구점 쇼핑을 마치고 치킨 가게에 들른 참이다. 피타고레 박사는 이미 배가 다 찼는데 일원이는 아직 먹는 중이다. 가게 문 닫을 시간이 되어 가는데도 좀처럼 치킨에 대한 일원이의 열정은 식을 줄 몰랐다.

"이 가게 치킨 정말 맛있네요! 박사님, 그렇지 않으세요?"

"그래도 그렇지. 넌 무슨 초등학생이 혼자 치킨을 세 마리나 먹니······."

박사가 일원이의 먹성에 감탄하고 있는 사이, 가게 종업원이 다가와 말했다.

"저 손님, 맛있게 드셔주시는 건 감사합니다만 곧 문 닫을 시간이 돼서요."

"아! 예, 알겠습니다. 아하하. 자 일원아, 남은 건 싸서 가져가자꾸나."

"우물우물. 알았어요. 냠냠."

박사는 남은 치킨은 포장을 부탁한 뒤 계산을 마쳤다. 그사이에도 일원이는 치킨을 손에 들고 계속 우물거렸다. 그런데 계산을 마치고 피타고레 박사가 돌아서려는데, 갑자기 또 다른 종업원이 피타고레 박사를 불러 세웠다.

"저 혹시 수학 탐정 사무소의 피타고레 박사님이신가요?"

박사는 자신을 알아보는 종업원에 반가운 마음이 들어 얼굴에 미소를 띤 채 큰 목소리로 대답했다.

"그렇습니다. 제가 바로 그 유명한 수학 박사이자 수학 탐정! 피타고레 박사입니다."

"아, 그러시군요. 그럼 혹시 저희 부탁을 좀 들어주실래요?"

"예. 말씀하시지요. 오잉?"

피타고레 박사는 깜짝 놀랐다. 방금 말을 건넨 종업원과 똑같이 생긴 종업원 두 명이 가게 안쪽에서 나왔기 때문이다.

"아하하. 놀라셨나 보군요. 저희는 세쌍둥이입니다."

"아하! 그래서 가게 이름이 '세쌍둥이 치킨'이었군요?"

"맞습니다. 저희가 오늘 가게 문을 처음 열고 장사를 했는데 문제가 조금 생겨서요."

"문제라면 어떤?"

세쌍둥이 중 첫째가 가게의 판매 장부와 그 밖의 지출 내역 등 이것저것 적혀 있는 종이들을 내밀었다. 피타고레 박사가 그것들을 유심히 살피고 있을 때 첫째가 말했다.

"저희가 이 가게를 열 때 첫째인 저는 200만 원을 투자했습니다."

그리고 둘째가 말했다.

"저는 300만 원을 투자했지요."

셋째가 말했다.

"마지막으로 제가 500만 원을 보탰습니다."

세 사람의 말은 장부에도 적혀 있는 것으로 피타고레 박사가 보기에 전혀 문제가 없어 보였다.

"네, 맞습니다. 총 1000만 원. 그렇게 적혀 있군요. 그런데 뭐가 문제인가요?"

첫째는 난감한 표정으로 말을 이었다.

"그런데 오늘 가게 매출이 총 50만 원이 나왔습니다. 이걸 저희 삼형제가 투

자한 금액만큼 공평하게 나눠 가져야 하는데……. 저희가 수학에는 조금 약해서요."

둘째도 머리를 벅벅 긁으며 말했다.

"맞습니다. 형은 저보다 돈을 적게 투자했고 동생은 저보다 돈을 많이 투자했는데, 셋이 똑같이 나눠 가질 수는 없는 거잖아요?"

셋째도 말을 보탰다.

"그렇지요. 수입이 딱 1000만 원이라면 투자한 대로 200만 원, 300만 원, 500만 원씩 나눠 가지면 되겠지만……. 50만 원을 각자 투자한 비율만큼 나눠 가지려니 도저히 모르겠더군요. 저희를 좀 도와주십시오."

"으흠. 그러셨군요."

"음? 무슨 일이에요, 박사님? 냠냠."

이 와중에도 일원이는 닭다리 하나를 손에서 놓지 않고 박사 옆에 서서 장부를 살폈다.

"으이구, 그만 좀 먹어라! 잠깐 계산 좀 하게 저리 비켜 봐."

맛있게 치킨을 먹는 일원이의 모습에 흐뭇해진 쌍둥이들은 만일 답을 알려 주면 내일 치킨 한 마리를 무료로 사무실에 배달해 주겠다는 약속을 했다.

"네? 무료로요?"

그 말을 들은 일원이는 눈에 불을 켜고 피타고레 박사를 보챘다.

"박사님! 꼭! 꼭! 해결해 주세요! 아셨죠? 꼭이요! 지금 당장요!"

"아, 알았어, 알았다고! 저리 좀 비켜라. 옷에 양념 묻잖아!"

잠시 후 계산을 마친 피타고레 박사는 세쌍둥이 중 첫째가 10만 원, 둘째가 15만 원, 셋째가 25만 원을 가져가면 된다고 알려 주었다. 세쌍둥이는 크게 기뻐하며 치킨 한 마리 무료 쿠폰을 선뜻 일원이 손에 쥐어 주었다. 일원이는 콧노래를 부르며 피타고레 박사의 수학 실력을 한껏 치켜세웠다. 과연 피타고레 박사는 어떤 방법으로 세 사람이 가져갈 돈을 계산한 걸까?

해결

세쌍둥이가 가져갈 금액을 연비로 주어진 비례 배분으로 생각하면 된다. 첫째, 둘째, 셋째의 비는 2 : 3 : 5이고, 투자한 금액은 100만 원 단위이지만 하루 수입은 10만 원 단위이므로 $500000 \times \dfrac{비}{10}$를 넣어 계산하면 된다.

첫째는 $= 500000(원) \times \dfrac{2}{10} = 100000(원)$

둘째는 $= 500000(원) \times \dfrac{3}{10} = 150000(원)$

셋째는 $= 500000(원) \times \dfrac{5}{10} = 250000(원)$